危险化学品企业重点岗位人员工伤预防能力提升培训系列教材

U0826776

危险化学品企业专职安全管理人员工伤预防知识

中国化学品安全协会◎组织编写

中国劳动社会保障出版社

图书在版编目(CIP)数据

危险化学品企业专职安全管理人员工伤预防知识/中国化学品安全协会组织编写. -- 北京：中国劳动社会保障出版社，2023

危险化学品企业重点岗位人员工伤预防能力提升培训系列教材

ISBN 978-7-5167-5812-0

Ⅰ.①危… Ⅱ.①中… Ⅲ.①化工产品-危险品-工伤事故-事故预防-技术培训-教材 Ⅳ.①X928.503

中国国家版本馆 CIP 数据核字(2023)第 049481 号

中国劳动社会保障出版社出版发行

（北京市惠新东街 1 号　邮政编码：100029）

*

北京市白帆印务有限公司印刷装订　　新华书店经销

787 毫米×1092 毫米　16 开本　16.25 印张　237 千字

2023 年 5 月第 1 版　　2023 年 6 月第 2 次印刷

定价：52.00 元

营销中心电话：400-606-6496

出版社网址：http://www.class.com.cn

版权专有　　侵权必究

如有印装差错，请与本社联系调换：(010) 81211666

我社将与版权执法机关配合，大力打击盗印、销售和使用盗版图书活动，敬请广大读者协助举报，经查实将给予举报者奖励。

举报电话：(010) 64954652

编委会

主　　任：郝　军

副 主 任：张玉平

委　　员：（按姓氏笔画排序）

王　震　冯建柱　孙志岩　李成国

杨洪涛　吴晓钰　张　博　林京耀

周　欢　胡海川　侯红霞　嵇　超

本书主编：冯建柱　杨洪涛

编写人员：嵇　超　张玉平　孙志岩　周　欢

王　震　吴晓钰　侯红霞　李成国

胡海川

前言

我国历来高度重视工伤预防工作。2020 年 12 月，人力资源和社会保障部、工业和信息化部、财政部、住房城乡建设部、交通运输部、国家卫生健康委员会、应急管理部、中华全国总工会联合印发《工伤预防五年行动计划（2021—2025 年）》，提出瞄住盯紧工伤事故和职业病高发的危险化学品等重点行业企业、深入推进工伤预防培训等任务。

为了落实《工伤预防五年行动计划（2021—2025 年）》，提升危险化学品领域从业人员工伤预防意识和能力，2021 年 12 月，人力资源和社会保障部和应急管理部联合印发《关于实施危险化学品企业工伤预防能力提升培训工程的通知》（人社部函〔2021〕168 号）（以下简称“通知”）。通知要求，深入学习贯彻习近平总书记关于安全生产重要论述，紧紧围绕从源头上消除事故隐患，实施危险化学品企业工伤预防能力提升培训工程。利用三年时间（2022—2024 年），将需应急管理部门许可的危险化学品生产企业、储存设施构成重大危险源的经营企业、使用危险化学品从事生产的化工企业，以及涉及重点监管危险化工工艺、构成重大危险源的精细化工企业和化学合成类药品生产企业安全生产分管负责人、专职安全管理人员和班组长（含车间主任，下同）（以下简称“三类人员”）作为重点培训对象，2024 年年底前实现上述人员培训全覆盖。

为了加强和保证培训质量，不断提升三类人员工伤预防能力、履责能力、风险管控和应急处置能力，中国化学品安全协会组织专家，按照应急管理部下发的《危险化学品企业工伤预防能力提升通用培训大纲》，结合我国危险化学品企业安全管理现状，梳理了安全生产及工伤预防的应知应会知识，继“危险化学品重大危险源包保责任人工伤预防能力提升培训系列教材”后，又编写了“危险化学品企业重点岗位人员工伤预防能力提升培训系列教材”。本套教材包括以下 4 个分册：《危险化学品企业安全生产分管负责人工伤预防知识》《危险化学品企业专职安全管理人员工伤预防知识》《危险化学品企业班组长工伤预防知识》和《危险化学品企业重点岗位人员工伤预防能力提升培训习题集》。

本套丛书在编写过程中，参阅了相关资料与著作，在此对有关著作者和专家表示感谢。本套丛书力求内容全面、知识实用，但由于编者水平所限，书中恐有疏漏，敬请广大读者批评指正并提出宝贵意见。

编委会

2023 年 4 月

内容简介

本书围绕有关法律、法规、规章、标准及文件对危险化学品企业专职安全管理人员安全管理能力的要求编制，旨在提升专职安全管理人员对危险化学品企业安全生产工作的监督管理能力。

本书以安全管理人员应该了解的安全生产法律法规知识和管理技能为出发点，以问答的形式介绍了安全生产相关法律法规及政策要求、安全管理人员履责所必需的安全生产管理知识、安全生产管理体系与安全文化的建立及运行、事故应急管理和工伤预防知识等内容。所选题目针对性强，内容解析专业翔实，语言简明通俗易懂，可作为政府、企业开展危险化学品企业专职安全管理人员工伤预防培训的参考书籍。

目录

第一章

安全生产相关法律法规及政策

第一节 习近平总书记关于安全生产的重要论述

1. 如何理解习近平总书记有关安全生产重要论述的时代意义？

党的十八大以来，以习近平同志为核心的党中央对安全生产工作空前重视，习近平总书记多次主持召开中央政治局常委会会议和专题会议听取安全生产工作汇报，并作出重要指示批示。安全生产是关系人民群众生命财产安全的大事，是经济社会协调健康发展的标志，是党和政府对人民利益高度负责的要求。习近平总书记在党的十九大报告中指出，要树立安全发展理念，弘扬生命至上、安全第一的思想，健全公共安全体系，完善安全生产责任制，坚决遏制重特大安全事故。习近平总书记在党的二十大报告中指出，提高公共安全治理水平，坚持安全第一、预防为主，完善公共安全体系，提高防灾减灾救灾和重大突发公共事件处置保障能力，加强个人信息保护。

2013 年 6 月 6 日，习近平总书记对全国多个地区接连发生多起重特大安全生产事故作出重要指示。习近平总书记指出，人命关天，发展决不能以牺牲人的生命为代价。这必须作为一条不可逾越的红线。要始终把人民生命安全放在首位，以对党和人民高度负责的精神，完善制度、强化责任、加强管理、严格监管，把安全生产责任制落到实处，切实防范重特大安全生产事故的发生。

2013 年 11 月 24 日，习近平总书记赴青岛黄岛经济开发区考察输油管线泄漏引发爆燃事故抢险工作，并作出重要指示。习近平总书记指出，各级党委和政府、各级领导干部要牢固树立安全发展理念，始终把人民群众生命安全放在第一位；要加大安全生产指标考核权重，实行安全生产和重大安全生产事故风险“一票否决”。责任重于泰山。要抓紧建立健全安全生产责任体系，党政一把手必须亲力亲为、亲自动手抓。要把安全责任落实到岗位、落实到人头，坚持管行业必须管安全、管业务必须管安全，加强督促检查、严格考核奖惩，全面推进安全生产工作。所有企业都必须认真履行安全生产主体责任，做到安全投入到位、安全培训到位、基础管理到位、应急救援到位，确保安全生产。要继续开展安全生产大检查，做到“全覆盖、零容忍、严执法、重实效”。要采用不发通知、不打招呼、不听汇报、不用陪同和接待，直奔基层、直插现场，暗查暗访的方式。要加大隐患整改治理力度，建立安全生产检查工作责任制，实行“谁检查、谁签字、谁负责”，做到不打折扣、不留死角、不走过场，务必见到成效。要做到“一厂出事故、万厂受教育，一地有隐患、全国受警示”。

2020 年年初，习近平总书记专门对安全生产作出重要指示，强调生命重于泰山，要求层层压实责任，狠抓整改落实，强化风险防控，从根本上消除事故隐患，有效遏制重特大事故发生。生命重于泰山，人民的生命安全高于一切。2020 年 4 月，在新冠病毒疫情防控常态化、推动经济恢复发展的关键时期，习近平总书记作出重要指示，全国正在复工复产，要牢牢守住安全底线，切实维护人民群众生命财产安全。绝不能只重发展不顾安全，更不能将其视作无关痛痒的事，搞形式主义、官僚主义。

习近平总书记关于安全生产重要论述，从历史与现实相贯通、治标与治本相关联、当前与长远相统筹的宽广视角，系统回答了如何认识安全生产、如何做好安全生产工作等重大理论和现实问题，既部署了“过河”的任务，也解决了“桥”和“船”的问题，是我们做好新时代安全生产工作的根本遵循和行动指南。

2. 如何理解习近平总书记有关安全发展理念的重要论述?

2013 年 5 月至 6 月，我国连续发生多起重特大安全生产事故，特别是 6 月 3

日发生的吉林长春宝源丰禽业有限公司特别重大火灾事故，造成121人遇难。正在国外访问的习近平总书记作出重要指示，首次提出“安全红线”，强调“人命关天，发展决不能以牺牲人的生命为代价。这必须作为一条不可逾越的红线”。并进一步强调，这个观念一定要非常明确、非常强烈、非常坚定。

近年来，“安全发展、生命至上、安全第一”的理念牢固树立，让一些高危企业“浴火重生”。然而一些地方发展理念仍存在偏差，把安全生产当成影响发展的绊脚石，与安全发展的理念要求背道而驰。2018年7月12日，四川宜宾恒达科技有限公司发生重大爆炸着火事故，导致19人死亡。该企业未批先建、边生产边建设、设计和生产“两张皮”，根本不具备安全生产条件和能力，安全管理极其混乱，其目无法纪、肆无忌惮的根本原因是以人民为中心的安全理念没有彻底地贯彻落实，过分地注重经济项目和经济效益，忽视了人民生命财产安全。

理念一旦错了，不但发展问题解决不了，还会出现更大问题。2019年，江苏响水“3·21”爆炸的警钟早在8年前就已敲响。2011年2月，响水生态化工园区的企业发生氯气泄漏、即将“爆炸”的传言迅速引起社会恐慌，附近村民万人“大逃亡”。但响水县“吃了一堑，没长一智”，在不具备安全生产条件与能力的情况下，盲目发展化工产业，大量引进其他地区淘汰的高风险、高污染项目。究其根源，是理念的偏差。如果发展不能保证人民的生命财产安全，这样的发展不仅没有意义，也不可能持续。高质量发展是体现新发展理念的发展，是统筹发展和安全基础上的更为安全的发展。

安全和发展是一体之两翼、驱动之双轮。安全是发展的前提、发展是安全的保障。习近平总书记强调“不能要带血的GDP”，要统筹发展和安全两件大事。

思考题

1. 如何理解安全与发展的关系？
2. 如何在企业发展中践行红线意识？

第二节 法律对企业安全生产的要求

一、《中华人民共和国安全生产法》对企业安全生产的要求

1.《中华人民共和国安全生产法》对企业安全生产规定了哪些基本义务?

生产经营单位是安全生产的责任主体。《中华人民共和国安全生产法》(以下简称《安全生产法》)第四条规定，生产经营单位必须遵守本法和其他有关安全生产的法律、法规，加强安全生产管理，建立健全全员安全生产责任制和安全生产规章制度，加大对安全生产资金、物资、技术、人员的投入保障力度，改善安全生产条件，加强安全生产标准化、信息化建设，构建安全风险分级管控和隐患排查治理双重预防机制，健全风险防范化解机制，提高安全生产水平，确保安全生产。这是关于企业安全生产义务的原则性规定。

2.《安全生产法》对生产经营单位安全生产的管理要求主要有哪些?

(1) 安全生产工作应当以人为本，坚持人民至上、生命至上，把保护人民生命安全摆在首位，树牢安全发展理念，坚持“安全第一、预防为主、综合治理”的方针，从源头上防范化解重大安全风险。

(2) 生产经营单位应当具备《安全生产法》和有关法律、行政法规和国家标准或者行业标准规定的安全生产条件；不具备安全生产条件的，不得从事生产经营活动。

(3) 生产经营单位新建、改建、扩建工程项目的安全设施，必须与主体工程同时设计、同时施工、同时投入生产和使用。安全设施投资应当纳入建设项目概算。

（4）安全设备的设计、制造、安装、使用、检测、维修、改造和报废，应当符合国家标准或者行业标准。

生产经营单位必须对安全设备进行经常性维护、保养，并定期检测，保证正常运转。维护、保养、检测应当做好记录，并由有关人员签字。

（5）生产经营单位不得关闭、破坏直接关系生产安全的监控、报警、防护、救生设备、设施，或者篡改、隐瞒、销毁其相关数据、信息。

（6）生产经营单位不得将生产经营项目、场所、设备发包或者出租给不具备安全生产条件或者相应资质的单位或者个人。

生产经营项目、场所发包或者出租给其他单位的，生产经营单位应当与承包单位、承租单位签订专门的安全生产管理协议，或者在承包合同、租赁合同中约定各自的安全生产管理职责；生产经营单位对承包单位、承租单位的安全生产工作统一协调、管理，定期进行安全检查，发现安全问题的，应当及时督促整改。

3.《安全生产法》对企业应急管理的要求有哪些？

（1）生产经营单位应当制定本单位生产安全事故应急救援预案，与所在地县级以上地方人民政府组织制定的生产安全事故应急救援预案相衔接，并定期组织演练。

（2）危险物品的生产、经营、储存单位应当建立应急救援组织；生产经营规模较小的，可以不建立应急救援组织，但应当指定兼职的应急救援人员。

一般情况下，危险化学品的生产、经营、储存单位应当建立应急救援组织。一旦发生生产安全事故，应急救援组织能够迅速、有效地投入抢救工作，防止事故进一步扩大，最大限度地减少人员伤亡和财产损失。如果危险化学品的生产、经营、储存单位生产经营规模较小，如小加油站、化工用品零售商店，可以不建立应急救援组织，但应当指定兼职的应急救援人员。兼职应急救援人员平时参加生产经营活动，也应当参加应急救援培训和演练，在发生生产安全事故时能够立即参加应急救援。

危险化学品的生产、经营、储存、运输单位应当配备必要的应急救援器材、设备和物资，并进行经常性维护、保养，保证正常运转。

二、《中华人民共和国刑法》中涉及安全生产罪刑的规定

1.《中华人民共和国刑法》对重大责任事故罪是如何规定的？其构成要件包括哪些？

（1）重大责任事故罪。《中华人民共和国刑法》（以下简称《刑法》）第一百三十四条规定，在生产、作业中违反有关安全管理的规定，发生重大伤亡事故或者造成其他严重后果的，处三年以下有期徒刑或者拘役；情节特别恶劣的，处三年以上七年以下有期徒刑。

（2）重大责任事故罪的构成要件

1）本罪侵犯的客体是生产、作业的安全。生产、作业的安全是各行各业都十分重视的问题。在生产过程中出现一点问题都有可能导致正常生产秩序的破坏，甚至发生重大伤亡事故，造成财产损失。同时，生产安全也是公共安全的重要组成部分，危害生产安全同样会使不特定多数人的生命、健康或者公私财产遭受重大损失。

2）客观方面表现为在生产、作业中违反有关安全管理的规定，因而发生重大伤亡事故或者造成其他严重后果的行为。违反有关安全管理的规定而发生重大伤亡事故或者造成其他严重后果，是重大责任事故罪的本质特征。其在实践中多表现为“不服管理”“违反规章制度”。

3）犯罪主体为一般主体。包括对生产、作业负有组织、指挥或者管理职责的负责人、管理人员、实际控制人、投资人等人员，以及直接从事生产、作业的人员。

4）主观方面表现为过失。行为人在生产、作业中违反有关安全管理规定，可能是出于故意，但对于其行为引起的严重后果而言，则是过失，由于行为人对其行为造成的严重后果是不希望发生的，之所以发生了安全事故，是因为行为人在生产过程中严重不负责任，疏忽大意或者对事故隐患不积极采取补救措施，轻信能够避免，结果导致生产安全事故的发生。

2.《刑法》对强令、组织他人违章冒险作业罪是如何规定的？其构成要件包括哪些？

（1）强令违章冒险作业罪。《刑法》第一百三十四条规定，强令他人违章冒险作业或者明知存在重大事故隐患而不排除，仍冒险组织作业，发生重大伤亡事故或者造成其他严重后果的，处五年以下有期徒刑或者拘役；情节特别恶劣的，处五年以上有期徒刑。

（2）强令违章冒险作业罪的构成要件

1）本罪侵犯的客体是作业的安全。强令他人违章冒险作业，是对正常的作业安全秩序的严重扰乱和破坏，发生了危害公共安全的后果，即危害了不特定多数人的生命、健康和公私财产的安全。

2）客观方面表现为强令他人违章冒险作业，因而发生重大伤亡事故或者造成其他严重后果的行为。

3）犯罪主体为一般主体。包括对生产、作业负有组织、指挥或者管理职责的负责人、管理人员、实际控制人、投资人等人员。

4）主观方面表现为过失。强令违章冒险作业罪是结果犯罪，行为人虽然实施了强令他人违章冒险作业的行为，但如果没有发生重大伤亡事故或者造成其他严重后果，只属于一般责任事故，不构成犯罪。

3.《刑法》对重大劳动安全事故罪是如何规定的？其构成要件包括哪些？

（1）重大劳动安全事故罪。《刑法》第一百三十五条规定，安全生产设施或者安全生产条件不符合国家规定，发生重大伤亡事故或者造成其他严重后果的，对直接负责的主管人员和其他直接责任人员，处三年以下有期徒刑或者拘役；情节特别恶劣的，处三年以上七年以下有期徒刑。

（2）重大劳动安全事故罪的构成要件

1）本罪侵犯的客体是生产安全。保护劳动者在生产过程中的安全与健康，是生产经营单位的法律义务和责任。

2）客观方面表现为安全生产设施或者安全生产条件不符合国家规定，因而发生重大伤亡事故或者造成其他严重后果的行为。

3）犯罪主体为一般主体，是指对安全生产设施或者安全生产条件不符合国家规定负有直接责任的生产经营单位负责人、管理人员、实际控制人、投资人，以及其他对安全生产设施或者安全生产条件负有管理、维护职责的人员。

4）主观方面由过失构成。即行为人应当预见到安全生产设施或者安全生产条件不符合国家规定所产生的后果，但由于疏忽大意没有预见或者虽然已经预见，但轻信可以避免，结果导致发生了重大安全生产事故。

4.《刑法》对危险作业罪是如何规定的？其构成要件包括哪些？

（1）危险作业罪。《刑法》第一百三十四条之一规定，在生产、作业中违反有关安全管理的规定，有下列情形之一，具有发生重大伤亡事故或者其他严重后果的现实危险的，处一年以下有期徒刑、拘役或者管制。

1）关闭、破坏直接关系生产安全的监控、报警、防护、救生设备、设施，或者篡改、隐瞒、销毁其相关数据、信息的。

2）因存在重大事故隐患被依法责令停产停业、停止施工、停止使用有关设备、设施、场所或者立即采取排除危险的整改措施，而拒不执行的。

3）涉及安全生产的事项未经依法批准或者许可，擅自从事危险物品生产、经营、储存等高度危险的生产作业活动的。

“未经依法批准或者许可”主要包括以下4种情形：

1）自始未取得批准或者许可。

2）批准或者许可被暂扣、吊销、注销等。

3）虽然有批准或者许可，但批准或者许可是非法的，如以欺骗、贿赂等非法手段获取的批准或者许可。

4）超过批准或者许可的期限、范围。实践中普遍存在的“边申请、边审批、边开工”等“程序性违法”的情况，即使事后依法取得了批准或者许可，也可以认为依法取得批准或者许可前的阶段属于“未经依法批准或者许可”。

（2）危险作业罪的构成要件

1）危险作业罪的客体是生产、作业中有关安全生产的管理制度和公共安全。

危险作业罪规定为危险犯罪，不要求实际发生生产、作业事故，只要“具有发生重大伤亡事故或者其他严重后果的现实危险”，即可成立本罪。危险作业罪不以结果为导向，注重安全生产过程的管控，关口前移，把发生事故的各种因素消灭在萌芽状态。

2）危险作业罪的客观方面表现为在生产、作业中违反有关安全管理的规定，关闭、破坏直接关系生产安全的监控、报警、防护、救生设备、设施，或者篡改、隐瞒、销毁其相关数据、信息；因存在重大事故隐患被依法责令停产停业，停止施工，停止使用有关设备、设施、场所或者立即采取排除危险的整改措施，而拒不执行；涉及安全生产的事项未经依法批准或者许可，擅自从事危险物品生产、经营、储存等高度危险的生产作业活动。

3）危险作业罪的犯罪主体为一般主体，凡年满十六周岁、具有刑事责任能力的自然人均可以构成本罪。

4）危险作业罪的主观方面是故意。本罪属于故意犯罪。

5. 涉及安全生产罪刑中的“重大伤亡事故”“其他严重后果”“情节特别恶劣”的含义是什么？

（1）“重大伤亡事故”“其他严重后果”的含义。具有下列情形之一的，应当认定为“发生重大伤亡事故或者造成其他严重后果”：

1）造成死亡一人以上，或者重伤三人以上的。

2）造成直接经济损失 100 万元以上的。

3）造成其他严重后果或者重大安全事故的情形。

（2）“情节特别恶劣”的含义。具有下列情形之一的，应当认定为“情节特别恶劣”：

1）造成死亡三人以上或者重伤十人以上，负事故主要责任的。

2）造成直接经济损失 500 万元以上，负事故主要责任的。

3）其他造成特别严重后果、情节特别恶劣或者后果特别严重的情形。

6. 什么是不报或者谎报安全事故罪？其中的“情节严重”和“情节特别严重”的含义是什么？

《刑法》第一百三十九条之一规定，在安全事故发生后，负有报告职责的人员不报或者谎报事故情况，贻误事故抢救，情节严重的，处三年以下有期徒刑或者拘役；情节特别严重的，处三年以上七年以下有期徒刑。

生产安全事故发生后，负有报告职责的人员不报或者谎报事故情况，贻误事故抢救，具有下列情形之一的，应当认定为不报或者谎报安全事故罪中的“情节严重”：

（1）导致事故后果扩大，增加死亡 1 人以上，或者增加重伤 3 人以上，或者增加直接经济损失 100 万元以上的。

（2）实施下列行为之一，致使不能及时有效开展事故抢救的：

1）决定不报、迟报、谎报事故情况或者指使、串通有关人员不报、迟报、谎报事故情况的。

2）在事故抢救期间擅离职守或者逃匿的。

3）伪造、破坏事故现场，或者转移、藏匿、毁灭遇难人员尸体，或者转移、藏匿受伤人员的。

4）毁灭、伪造、隐匿与事故有关的图纸、记录、计算机数据等资料以及其他证据的。

（3）其他情节严重的情形。具有下列情形之一的，应当认定为不报或者谎报安全事故罪中的“情节特别严重”：

1）导致事故后果扩大，增加死亡 3 人以上，或者增加重伤 10 人以上，或者增加直接经济损失 500 万元以上的。

2）采用暴力、胁迫、命令等方式阻止他人报告事故情况，导致事故后果扩大的。

3）其他情节特别严重的情形。

思考题

1. 如何理解行刑衔接对于实现安全生产的重要意义?
2. 企业在生产经营过程中如何做好合规性建设?

第三节　法规、文件对企业安全生产的要求

一、《危险化学品安全管理条例》对企业安全生产的要求

1.《危险化学品安全管理条例》对企业安全生产的总体要求有哪些?

依据《危险化学品安全管理条例》的规定，危险化学品安全管理，应当坚持“安全第一、预防为主、综合治理”的方针，强化和落实企业的主体责任。

生产、储存、使用、经营、运输危险化学品的单位（以下统称危险化学品单位）的主要负责人对本单位的危险化学品安全管理工作全面负责。

危险化学品单位应当具备法律、行政法规规定和国家标准、行业标准要求的安全条件，建立、健全安全管理规章制度和岗位安全责任制度，对从业人员进行安全教育、法制教育和岗位技术培训。从业人员应当接受教育和培训，考核合格后上岗作业；对有资格要求的岗位，应当配备依法取得相应资格的人员。

任何单位和个人不得生产、经营、使用国家禁止生产、经营、使用的危险化学品。国家对危险化学品的使用有限制性规定的，任何单位和个人不得违反限制性规定使用危险化学品。

2.《危险化学品安全管理条例》对危险化学品生产企业的安全管理规定有哪些?

（1）依据《危险化学品安全管理条例》第十二条的规定，新建、改建、扩建生产、储存危险化学品的建设项目（以下简称建设项目），应当由安全生产监督管理部门进行安全条件审查。

建设单位应当对建设项目进行安全条件论证，委托具备国家规定的资质条件的机构对建设项目进行安全评价，并将安全条件论证和安全评价的情况报告报建设项目所在地设区的市级以上人民政府安全生产监督管理部门。

（2）依据《危险化学品安全管理条例》第十四条的规定，危险化学品生产企业进行生产前，应当依照《安全生产许可证条例》的规定，取得危险化学品安全生产许可证。生产列入国家实行生产许可证制度的工业产品目录的危险化学品的企业，应当依照《中华人民共和国工业产品生产许可证管理条例》的规定，取得工业产品生产许可证。

（3）依据《危险化学品安全管理条例》第十五条的规定，危险化学品生产企业应当提供与其生产的危险化学品相符的化学品安全技术说明书，并在危险化学品包装（包括外包装件）上粘贴或者拴挂与包装内危险化学品相符的化学品安全标签。化学品安全技术说明书和化学品安全标签所载明的内容应当符合国家标准的要求。危险化学品生产企业发现其生产的危险化学品有新的危险特性的，应当立即公告，并及时修订其化学品安全技术说明书和化学品安全标签。

3.《危险化学品安全管理条例》对危险化学品生产装置和储存设施的选址要求有哪些?

依据《危险化学品安全管理条例》第十九条的规定，危险化学品生产装置或者储存数量构成重大危险源的危险化学品储存设施（运输工具、加油站、加气站除外），与下列场所、设施、区域的距离应当符合国家有关规定：

（1）居住区以及商业中心、公园等人员密集场所。

（2）学校、医院、影剧院、体育场（馆）等公共设施。

（3）饮用水源、水厂以及水源保护区。

（4）车站、码头（依法经许可从事危险化学品装卸作业的除外）、机场以及通信干线、通信枢纽、铁路线路、道路交通干线、水路交通干线、地铁风亭以及地铁站出入口。

（5）基本农田保护区、基本草原、畜禽遗传资源保护区、畜禽规模化养殖场（养殖小区）、渔业水域以及种子、种畜禽、水产苗种生产基地。

（6）河流、湖泊、风景名胜区、自然保护区。

（7）军事禁区、军事管理区。

（8）法律、行政法规规定的其他场所、设施、区域。

已建的危险化学品生产装置或者储存数量构成重大危险源的危险化学品储存设施不符合前款规定的，由所在地设区的市级人民政府安全生产监督管理部门会同有关部门监督其所属单位在规定期限内进行整改；需要转产、停产、搬迁、关闭的，由本级人民政府决定并组织实施。

储存数量构成重大危险源的危险化学品储存设施的选址，应当避开地震活动断层和容易发生洪灾、地质灾害的区域。

4.《危险化学品安全管理条例》对危险化学品单位安全设备设施的设置要求有哪些？

依据《危险化学品安全管理条例》第二十条、第二十一条的规定，生产、储存危险化学品的单位，应当根据其生产、储存的危险化学品的种类和危险特性，在作业场所设置相应的监测、监控、通风、防晒、调温、防火、灭火、防爆、泄压、防毒、中和、防潮、防雷、防静电、防腐、防泄漏以及防护围堤或者隔离操作等安全设施、设备，并按照国家标准、行业标准或者国家有关规定对安全设施、设备进行经常性维护、保养，保证安全设施、设备的正常使用。

生产、储存危险化学品的单位，应当在其作业场所和安全设施、设备上设置明显的安全警示标志，在其作业场所设置通信、报警装置，并保证处于适用状态。

5.《危险化学品安全管理条例》对危险化学品仓库安全管理的要求有哪些？

（1）危险化学品应当储存在专用仓库、专用场地或者专用储存室（统称专用仓库）内，并由专人负责管理；剧毒化学品以及储存数量构成重大危险源的其他危险化学品，应当在专用仓库内单独存放，并实行双人收发、双人保管制度。

（2）危险化学品的储存方式、方法以及储存数量应当符合国家标准或者国家有关规定。

（3）储存危险化学品的单位应当建立危险化学品出入库核查、登记制度。

（4）对剧毒化学品以及储存数量构成重大危险源的其他危险化学品，储存单位应当将其储存数量、储存地点以及管理人员的情况，报所在地县级人民政府安全生产监督管理部门和公安机关备案。

（5）危险化学品专用仓库应当符合国家标准、行业标准的要求，并设置明显的标志。储存剧毒化学品、易制爆危险化学品的专用仓库，应当按照国家有关规定设置相应的技术防范设施。

（6）储存危险化学品的单位应当对其危险化学品专用仓库的安全设施、设备定期进行检查、保养。生产、储存危险化学品的单位转产、停产、停业或者解散的，应当采取有效措施，及时、妥善处置库存的危险化学品，不得丢弃危险化学品。

二、《生产安全事故应急条例》对企业应急工作的要求

《生产安全事故应急条例》对企业应急救援能力建设作了哪些要求？

（1）应急救援队伍建设要求。《生产安全事故应急条例》第十条规定，易燃易爆物品、危险化学品等危险物品的生产、经营、储存、运输单位，应当建立应急救援队伍；其中，小型企业或者微型企业等规模较小的生产经营单位，可以不建立应急救援队伍，但应当指定兼职的应急救援人员，并且可以与邻近的应急救援队伍签订应急救援协议。

（2）应急救援人员素质和培训要求。《生产安全事故应急条例》第十一条规定，应急救援人员应当具备必要的专业知识、技能、身体素质和心理素质；应当按照国家有关规定对应急救援人员进行培训；应急救援人员经培训合格后，方可参加应急救援工作；应急救援队伍应当配备必要的应急救援装备和物资，并定期组织训练。

（3）应急物资储备要求。《生产安全事故应急条例》第十三条规定，易燃易爆物品、危险化学品等危险物品的生产、经营、储存、运输单位，应当根据本单位可能发生的生产安全事故的特点和危害，配备必要的灭火、排水、通风以及危险物品稀释、掩埋、收集等应急救援器材、设备和物资，并进行经常性维护、保养，保证正常运转。

三、安全生产相关文件对企业安全生产的要求

1.《关于全面加强危险化学品安全生产工作的意见》对企业安全生产的要求有哪些？

为深刻吸取一些地区发生的重特大事故教训，举一反三，全面加强危险化学品安全生产工作，有力防范化解系统性安全风险，坚决遏制重特大事故发生，有效维护人民群众生命财产安全，2020 年 2 月，中共中央办公厅、国务院办公厅印发了《关于全面加强危险化学品安全生产工作的意见》，对危险化学品企业安全生产提出了要求。主要有：

（1）强化安全风险管控。全面开展安全风险排查和隐患治理，结合实际细化排查标准，分类建立完善安全风险数据库和信息管理系统，区分“红、橙、黄、蓝”四级安全风险。

（2）强化企业主体责任落实。企业管理和技术团队必须具备相应的履职能力，做到责任到人、工作到位，对安全隐患排查治理不力、风险防控措施不落实的，依法依规追究相关责任人责任。对存在以隐蔽、欺骗或阻碍等方式逃避、对抗安全生产监管，违章指挥、违章作业产生重大安全隐患，违规更改工艺流程，破坏监测监控设施，夹带、谎报、瞒报、匿报危险物品等严重危害人民群众生命

财产安全的主观故意行为的单位及主要责任人，依法依规将其纳入信用记录，加强失信惩戒，从严监管。

（3）加强专业人才培养。危险化学品生产企业主要负责人、分管安全生产负责人必须具有化工类专业大专及以上学历和一定实践经验；专职安全管理人员至少要具备中级及以上化工专业技术职称或化工安全类注册安全工程师资格。新招一线岗位从业人员必须具有化工职业教育背景或普通高中及以上学历并接受危险化学品安全培训，经考核合格后方能上岗。企业通过内部培养或外部聘用形式建立化工专业技术团队，依托重点化工企业、化工园区或第三方专业机构建立实习实训基地。

（4）提高应急处置能力。加强应急救援装备配备，健全应急救援预案，开展实训演练，提高企业应急处置能力。

2.《“十四五”危险化学品安全生产规划方案》指出了危险化学品安全生产存在的主要问题有哪些？

（1）安全发展理念落实不到位。一些地方、化工园区重发展、轻安全，统筹发展和安全的意识不强，党政领导责任、部门监管责任、企业主体责任不落实，不具备条件盲目发展化工产业，化工园区“遍地开花”，产业转移安全风险管控不到位导致事故多发。

（2）本质安全水平不高。不少企业特别是中小企业设计水平低，安全投入不足，自动化控制系统不完善，从业人员素质、技能不高，油气管道施工质量管控不严格，烟花爆竹部分工序仍以手工作业为主。

（3）安全管理能力不强。企业安全风险分级管控与隐患排查治理水平不高，政府监管重“事后调查处理”、轻“事前风险防控”，法规标准体系不健全、落实力度不够，全国危险化学品安全监管人员具有化工、安全等专业学历的人数占比不足三分之一，对重大危险源、化工园区等监管缺乏系统化、精准化、智能化手段。

（4）全链条安全管理不平衡。危险化学品生产、经营、储存、运输、使用、废弃处置等环节衔接不顺畅，一些环节重特大事故比较集中，累积形成系统性安全风险。

3. 根据《“十四五”危险化学品安全生产规划方案》，危险化学品企业应如何压实主体责任？

（1）推动企业建立健全企业内部从主要负责人（法定代表人、实际控制人）到一线岗位员工的全员安全生产责任制，形成自我约束、持续改进的安全生产内生机制。

（2）依托危险化学品安全风险监测预警系统，制定健全并严格落实主要负责人安全风险研判承诺公告、重大危险源包保责任、开车前安全风险自查评估制度。

（3）建立“两重点一重大”企业安全总监和安全管理技术团队配备制度，按要求配备注册安全工程师。

（4）强化责任追究和教训吸取，做好行刑衔接，突出对主要负责人的追责问责。

（5）推进危险化学品企业信用风险分类监管，严格安全生产严重违法失信名单管理。

（6）研究跨地区集团公司总部对子（分）公司加强安全审计的措施。健全完善油气领域企业总部安全生产负总责制度。

（7）强化中央企业主体责任落实，发挥示范带头作用，自觉接受属地监管。

4. 根据《“十四五”危险化学品安全生产规划方案》，应如何构建从业人员培训体系？

按照统筹推进、分类指导的原则，以培养高素质、高技能、实用型人才为目标，以严格人员资格条件为抓手，严格落实主体责任，加快构建标准规范统一、培训载体丰富、线上线下融合、有效供给多样的教育培训供给体系，持续实施全覆盖高质量的安全教育培训，夯实安全发展的人才保障和素质根基。

（1）强化企业安全管理技术专业团队建设。制定安全管理技术专业团队强制配备和专业、学历标准条件，率先在涉及重大危险源的企业、重点监管的危险化工工艺的精细化工企业全面实施。开展化工安全技术技能人才学历提升行动，鼓励安全管理人员在职提高化工安全等专业学历层次。完善系统性、模块化、阶梯式的安全管理人员培训大纲、课程和考试题库，倒逼提升专业能力。

（2）提升重点岗位操作人员安全技能。调整扩充危险化学品特种作业人员范围，严格依法实施资格条件和培训考试、持证上岗制度。建立健全实际操作训练基地建设标准、设备配备标准和以实际工作情景为导向的训练指导手册，突出加强重点岗位人员实操训练。强化校企合作人才培养，探索中国特色学徒制，从根本上解决产业工人来源问题。与人力资源社会保障等部门合作，按规定利用职业技能提升行动和工伤预防政策，扎实推进化工行业安全技能提升行动和工伤预防能力提升培训工程。

（3）普及线上线下融合的安全培训空间。按照员工线上自学、线下培训的实体空间与支撑企业培训管理、政府培训监督的虚拟空间相结合原则，制定安全培训空间建设与应用指南。

5. 开展高危细分领域安全风险专项治理的背景是什么？

《“十四五”危险化学品安全生产规划方案》提出构建危险化学品安全治理体系，从18种危险化工工艺目录中选择重点工艺（简称高危工艺），从74种重点监管的危险化学品名录和20种特别管控危险化学品目录中选择重点化学品（简称高危化学品）等实施专项整治行动，有效防范重点部位、关键环节安全风险。

为固化深化拓展危险化学品安全专项整治三年行动和安全风险集中治理成效，贯彻落实应急管理部印发的《“十四五”危险化学品安全生产规划方案》，有效防控高危细分领域重大安全风险，坚决防范遏制危险化学品重特大事故，应急管理部印发了《2023年度高危细分领域安全风险专项治理工作方案》，提出持续以提升高危细分领域企业本质安全水平为核心，坚持重点治理、因企施策，深化组合治理措施，健全高危细分领域“2+X”（2为每年必查的硝酸铵和硝化，X为每年视情选定的其他细分领域）安全风险管控长效机制。

同时，开展高危细分领域安全风险管控也是贯彻落实《中共中央办公厅　国务院办公厅关于全面加强危险化学品安全生产工作的意见》的具体化，是对危险化学品企业实施精准化安全风险排查评估，对危险化学品重点地区、重点企业分级分类开展精准指导帮扶的有效举措，充分体现了精准治理的要求。

6. 2023 年度高危细分领域安全风险专项治理工作的整体思路和工作要点是什么？

坚持重点治理、因企施策，持续深化组合治理措施，健全高危细分领域“2+X”安全风险管控长效机制。

（1）组织对硝酸铵生产企业、硝基复合肥生产企业和使用硝酸铵化工企业开展整治落实情况复核，推动硝酸铵生产、硝基复合肥生产及使用硝酸铵生产企业在安全间距、生产和储存安全管控、监测监控设施等方面全面落实五部委《关于进一步加强硝酸铵安全管理的通知》要求。印发硝酸铵安全技术规范标准。

（2）以推动涉及硝化工艺的生产装置实现全流程自动化控制为重点，组织各省份对所有硝化企业开展全覆盖的专家指导服务，部级开展整治落实情况复核。组织制定硝化工艺全流程自动化控制改造工作指南，推广浙江、山东、江苏等地区做法，推动硝化工艺率先完成全流程自动化控制改造；推动新、改、扩建硝化项目优先使用微通道、管式反应器技术，分类推进硝化反应安全风险评估风险等级 3 级及以上的现有企业开展微通道、管式反应器技术改造。完善硝化安全风险隐患排查指南。

（3）制定液氯、氯乙烯生产企业和过氧化企业安全风险隐患排查指南并组织开展专家指导服务。完善相关标准，推广山东、浙江等地区液氯和氟化氢储存设施封闭化改造经验做法。

（4）组织对丁二烯专家指导服务中发现的隐患整改情况“回头看”，并对部分未开展部级指导服务的企业进行指导服务，督促落实“一企一策”整改要求。调研分析氯酸钠、氯酸钾安全风险并提出管控措施。

（5）印发多晶硅安全生产规范、光气及光气化产品生产安全规程，完善硝酸铵、光气、氟化、有机硅多晶硅、苯乙烯、丁二烯、重氮化等安全风险隐患排查指南，编发解读视频，督促有关企业对标每年至少开展一次由企业主要负责人组织、全员参与的常态化安全风险隐患排查治理，并将企业自查自改情况纳入地方应急管理部门执法检查范围。指导有关行业协会组织召开安全技术交流会，观摩学习先进企业安全管理做法，形成定期交流工作机制。

（6）组织摸排在危险化学品登记系统注册登记的化学原料药生产企业情况，实施清单化管理，加强化学原料药生产企业安全风险管控。

7. 如何构建高危细分领域安全风险防控长效机制？

应急管理部就推动建立高危细分领域安全风险防控长效机制提出要求如下：

（1）地方各级应急管理部门指导辖区内涉及高危细分领域的化工和危险化学品生产、使用企业，对照有关安全风险隐患排查指南，每年至少开展一次全面排查，在全面排查的基础上，建立"两个清单"（隐患问题清单和整改措施清单），并按照整改时限要求完成整改闭环。要将上述要求纳入本企业安全风险隐患排查治理制度，运用信息化手段如实记录。有关中央企业要强化总部监管责任落实，推动下属企业全面落实主体责任，认真做好安全生产工作。

（2）各级应急管理部门将高危细分领域企业作为日常监管、执法检查的重点对象，将企业对照安全风险隐患排查指南开展自查自改、隐患问题整改闭环情况等纳入执法检查范围。对硝酸铵、硝化企业，至少每年实施一次全覆盖检查；对其他高危细分领域企业，至少每三年实施一次全覆盖检查。

四、《化工过程安全管理导则》（AQ/T 3034—2022）对企业安全生产的要求

1. 《化工过程安全管理导则》（AQ/T 3034—2022）管理要素总共包括多少项？分别是什么？

《化工过程安全管理导则》管理要素总共包括 20 项，分别是：①安全领导力；②安全生产责任制；③安全生产合规性管理；④安全生产信息管理；⑤安全教育、培训和能力建设；⑥风险管理；⑦装置安全规划与设计；⑧装置首次开车安全；⑨安全操作；⑩设备完好性管理；⑪安全仪表管理；⑫重大危险源安全管理；⑬作业许可；⑭承包商安全管理；⑮变更管理；⑯应急准备与响应；⑰事故事件管理；⑱本质更安全；⑲安全文化建设；⑳体系审核与持续改进。

2.《化工过程安全管理导则》（AQ/T 3034—2022）规定企业有哪些情形需要及时修订安全生产责任制？

（1）依据的法律、法规、规章、标准中的有关规定发生重大变化的。

（2）组织机构及其职责进行了调整的。

（3）企业生产经营内容发生重大变化的。

（4）企业发生安全事故事件后，在安全责任方面暴露出问题的。

（5）企业认为需要修订的其他情况。

3. 根据《化工过程安全管理导则》（AQ/T 3034—2022），企业在风险管理过程中危害辨识应涵盖哪些方面？

（1）工艺技术的本质安全性。

（2）厂区选址和平面布局不合理导致的危害。

（3）企业潜在的风险对相关人员安全的影响。

（4）工艺系统可能存在的危害。

（5）操作过程可能存在的危害。

（6）设备设施失效可能存在的危害。

（7）作业过程可能存在的危害。

（8）变更所引入的危害。

（9）建（构）筑物潜在的危害。

（10）自然灾害对企业带来的危害。

（11）企业潜在的风险对厂外相关方的影响。

（12）外部环境对企业安全的影响。

4. 根据《化工过程安全管理导则》（AQ/T 3034—2022），企业在不同生产运营阶段应开展哪些培训？应根据哪些岗位需求制定安全教育培训计划？

（1）企业应根据生产运营的不同阶段和风险特点，开展以下针对性培训：

1）新建装置试车前，企业应对参与装置试车的全体管理人员和操作人员等相关人员进行岗位技能培训，经考核合格后方可参加装置试车工作。

2）当安全生产信息变更或风险变化时，企业应及时更新培训内容，对相关人员（包括承包商人员）进行培训。

3）企业应对采用新工艺、新技术、新材料或者使用新设备设施的岗位操作人员进行相应的安全技能培训。

4）同行业或本企业发生事故事件后，企业应及时组织教育培训，分享经验，吸取教训。

（2）应按照下列岗位需求制定全员持续安全教育和培训计划，并组织实施：

1）各级领导层以提升守法合规意识、风险意识、安全领导和管理能力、安全生产基础知识为重点。

2）专业技术人员以增强专业知识和管理能力，尤其是风险评估与管控、隐患排查治理、应急处置和事故事件调查分析能力为重点。

3）操作人员以提升安全操作、隐患排查、初期应急处置和自救互救能力为重点。

5. 根据《化工过程安全管理导则》（AQ/T 3034—2022），装置首次开车前安全审查内容包括哪些？

（1）新建项目正式投料前，应进行开车前安全审查。开车前安全审查前期准备工作主要包括以下内容：

1）明确审查的范围。

2）编制开车前安全审查表，并经相应负责人批准。

3）组建开车前安全审查小组，明确职责。小组应由项目经理，工艺、设备、电气、仪表、操作、安全、消防等专业人员，设计、技术专利商、施工方、工程监理方等其他必要的人员，以及同类装置有开车经验的专家组成。

4）确定审查日程安排。

（2）审查小组应根据安全审查清单，完成开车前的安全审查，包括以下内容：

1）项目“三查四定”发现问题的整改落实情况。

2）安装的设备、管道、仪表及其他辅助设备设施符合设计安装要求情况，特种设备和强检设备已按要求办理登记使用并在检验有效期内，安全设施经过检验、标定并达到使用条件。

3）安全信息资料是否准确、齐全，风险管控措施落实情况。

4）系统吹扫冲洗、气密试验、单机试车、联动试车完成情况。

5）相关试车资料、试生产方案、操作规程、管理制度等准备情况。

6）现场确认工艺、设备、电气、仪表、公用工程和应急准备等是否具备投料条件。

7）发生的变更是否符合变更管理要求。

8）员工培训考核情况。

9）应急预案编制和演练完成情况。

10）安全、环保、职业卫生措施落实情况等。

（3）现场审查完成后，审查小组应编制开车前安全审查报告，明确整改项整改时间和整改责任人，并在开车前完成整改。

思考题

1. 试分析化工企业在危险化学品安全管理方面存在哪些不足。

2. 企业如何更好地贯彻落实《关于全面加强危险化学品安全生产工作的意见》，做好安全生产工作？

第二章
安全生产管理

第一节　全员安全生产责任制建设

一、全员安全生产责任制建设要求

1. 为什么要建立全员安全生产责任制?

全员安全生产责任制是根据“安全第一、预防为主、综合治理”的安全生产方针和安全生产法规建立的覆盖企业各级领导、职能部门、工程技术人员、岗位从业人员在劳动生产过程中对安全生产层层负责的制度，是落实企业主体责任的重要抓手，是企业岗位责任制的细化，是企业最基本的一项安全管理制度，同时也是企业安全生产、劳动保护管理制度的核心。《安全生产法》第四条规定，生产经营单位必须遵守本法和其他有关安全生产的法律、法规，加强安全生产管理，建立健全全员安全生产责任制和安全生产规章制度。做好企业安全生产不是某个人、某些人的事情，而是企业全体员工的共同责任。大量生产安全事故表明，人的不安全行为、物的不安全状态以及管理上的缺陷都与岗位责任制存在“空挡”、相关人员岗位责任制履行不到位有关。建立健全全员安全生产责任制，就是要求企业各个层级人员都有相应的安全职责并对照落实。只有一级对一级负责，切实履行好各岗位、各人员的安全职责，才能做到各自岗位的安全，真正实现企业的安全生产。

2. 如何建立健全全员安全生产责任制？

建立健全各岗位安全生产责任制并认真落实，是做好一切安全工作的基础。企业建立健全全员安全生产责任制应从以下几方面入手：

（1）主要负责人要亲自参与。生产经营单位主要负责人法定职责之首就是建立健全并落实本单位全员安全生产责任制。只有在主要负责人组织下，明确各岗位职责，做到机构设置科学、部门分工明确、岗位责任清晰，才能有助于责任制的落实。

（2）要结合企业实际。针对一些企业照抄照搬其他企业的岗位责任制，安全生产责任制规定不科学、不完备，缺乏针对性和可操作性的现状问题，应充分结合企业实际，科学确定各岗位安全职责。对大中型企业来讲，管理人员较为齐备，分工较为明确，而对于小型企业而言，很多人是几个职能集于一身，应围绕职能，明确细化责任，不能简单照抄大中型企业的责任制范本。

（3）要坚持做好“一岗一责”。安全生产的“一岗一责”是指每个岗位都要有明确的安全职责。“一岗一责”不是一人一责，而是一个岗位一个职责。安全生产责任制要做到“横向到边、纵向到底”，实现全员、全覆盖，做到无死角、无盲区。

（4）要正确认识“安全专业”与“专业安全”的关系。安全生产不是安全管理人员一人的事，而是全体员工共同的事。要坚持“管业务必须管安全”“管生产经营必须管安全”的基本原则，每个岗位工作职责中都应包含业务职责和安全职责，做到“一岗双责”。

（5）要有可操作性。建立健全覆盖全员的安全生产责任制不容易，而将各岗位安全生产责任制真正落实到位更不容易，因此建立安全生产责任制时就要考虑到可操作性。一是制定责任制时要充分讨论、沟通，让每位员工都能准确理解自己承担的安全责任；二是借助于化工企业常用的岗位责任制检查制度，推动岗位责任制落地生根，对重要岗位人员安全责任制屡屡出现落实不到位的情况，要及时界定、完善；三是不断完善安全生产责任制，清晰责任界定，不要出现责任

“空挡”；四是管理架构发生变化时，要及时调整相应岗位安全责任，做到“无缝衔接”。

二、专职安全生产管理人员的安全职责

1. 专职安全生产管理人员的安全职责有哪些?

《安全生产法》规定，生产经营单位的安全生产管理机构以及安全生产管理人员应履行下列职责：

（1）组织或者参与制定本单位安全生产规章制度、操作规程和生产安全事故应急救援预案。

（2）组织或者参与本单位安全生产教育和培训，如实记录安全生产教育和培训情况。

（3）组织开展危险源辨识和评估，督促落实本单位重大危险源的安全生产管理措施。

（4）组织或者参与本单位应急救援演练。

（5）检查本单位的安全生产状况，及时排查生产安全事故隐患，提出改进安全生产管理的建议。

（6）制止和纠正违章指挥、强令冒险作业、违反操作规程的行为。

（7）督促落实本单位安全生产整改措施。

《危险化学品企业重大危险源安全包保责任制办法（试行）》中明确了企业安全生产管理机构及专职安全生产管理人员的职责：企业安全生产管理机构及专职安全生产管理人员是包保责任制度的监督者，负责对各个重大危险源包保责任人的履职情况进行评估和考核。

2. 如何理解专职安全生产管理人员的安全职责?

企业专职安全生产管理人员既是企业安全生产责任制的履行者，同时也是企业各岗位落实安全生产责任制的监督者，承担着企业全员安全生产责任考核的重任。《安全生产法》赋予专职安全生产管理人员的七项职责都是企业安全生产主体责任落实的具体事务，是主要负责人法定安全生产职责的具体落实实施。专职

安全生产管理人员应对自身在企业安全生产管理过程中的作用有一个准确的定位。

（1）企业安全生产管理机构作为本单位具体负责安全生产管理事务的部门，是贯彻落实有关安全生产方针、政策、法律、法规、标准以及规章制度等事项的具体执行者，安全生产管理机构有职责和义务，根据主要负责人的安排，组织或者参与拟订本单位安全生产规章制度、操作规程和生产安全事故应急救援预案，以确保相关制度、规程和预案符合本单位安全生产的实际，起到应有的作用。专职安全生产管理人员是主要负责人在安全生产方面的重要助手。

（2）开展员工安全生产教育和培训计划是贯彻安全生产法律、法规、标准、规章制度和操作规程，保证安全生产教育和培训质量，提高广大从业人员安全素质和操作技能的重要保障。安全生产管理机构有职责和义务，根据主要负责人的安排，组织制订本单位的安全生产教育和培训计划，并积极参与本单位的安全生产教育和培训，以保证教育和培训计划符合本单位安全生产的实际。同时，安全生产管理机构还应当详细记录本单位从业人员安全生产教育和培训情况，及时掌握安全生产教育和培训计划的实施进展动向，向本单位主要负责人报告。

（3）开展危险源辨识和评估，是构建安全风险分级管控和隐患排查治理双重预防机制，严防风险演变、隐患升级导致生产安全事故发生的重要举措。提高事故预防的有效性，只有从源头上、根子上进行危险源辨识并进行科学评估，按照不同安全风险等级进行分级管控，有针对性地强化预防措施，才能做到防患于未然，牢牢把握安全生产工作的主动权。

安全生产管理人员进行现场检查中发现重大危险源未按照有关规定进行管理的，有权要求相应的业务部门进行整改。

（4）开展应急救援演练是提高应急能力、检验生产安全事故应急救援预案有效性的重要途径。通过应急救援演练，让每个可能涉及的部门、人员熟知事故发生后如何进行现场抢救、如何联络人员、如何避灾以及采取何种技术措施的方式和程序，提高广大从业人员的应急处置能力。安全生产管理机构应当根据本单位的安排，积极组织本单位的应急演练，制定详细的工作方案，精心组织实施，确保应急演练取得效果。

（5）安全生产管理机构应当根据本单位生产经营特点、风险分布、危害因素的种类和危害程度等情况，制订隐患排查工作计划，明确检查对象、任务和频次。对于安全风险大、容易发生生产安全事故的地点，应当加大检查频次。对于检查中发现的生产安全事故隐患，应当要求立即整改或排除；不能立即整改或排除的，应责令有关业务部门、车间、班组提出整改措施，限期整改；对于迟迟未整改完成的事故隐患，应当及时向本单位主要负责人或者主管安全生产工作的负责人报告。

（6）造成事故发生的主要隐患是人的不安全行为，尤其是违章指挥、强令从业人员冒险作业、违反操作规程的行为较多。有些生产经营单位的负责人、车间主任、班组长往往存在侥幸心理，违章指挥作业，甚至强令从业人员冒险作业。有些从业人员对自身安全不够重视，存在侥幸心理，违反操作规程进行作业。《安全生产法》明确规定，安全生产管理机构以及安全生产管理人员对检查中发现的违章指挥、强令冒险作业、违反操作规程的行为，应当立即制止和纠正。

（7）隐患整改涉及人、财、物多个方面。按照“管生产经营必须管安全”的原则，落实安全生产整改措施应当由相关业务部门负责。为了保证安全生产整改措施及时得到落实，安全生产管理机构以及安全生产管理人员应当加强对有关业务主管部门的监督；对不按照规定落实安全生产整改措施的应当及时向本单位主要负责人报告。

企业主要负责人、分管安全负责人要正确认识安全专业和专业安全的辩证关系，赋予专职安全生产管理人员在企业安全生产过程中更多的监督、考核责任。《安全生产法》第二十六条要求安全生产管理机构以及安全生产管理人员应当恪尽职守，依法履行职责，生产经营单位不得因安全生产管理人员依法履行职责而降低其工资、福利等待遇或者解除与其订立的劳动合同。

专职安全生产管理人员要在主要负责人或安全生产分管负责人领导下，具体承担企业安全生产管理的各项事务。从制度建设到员工培训，从隐患排查到应急救援，从大胆管理到建言献策，通过“人、物、管”等各方面的管理，实现全过程、全方位的风险识别和管控工作。要在日常工作中严格排查“三违”现象，检查本单位的安全生产状况，对排查出的生产安全事故隐患及时督促落实整改措施，向主要负责人或分管负责人提出改进安全生产管理的建议，切实履行好法律赋予的安全职责。

《危险化学品企业重大危险源安全包保责任制办法（试行）》中明确了企业安全生产管理机构及专职安全生产管理人员在重大危险源包保中的监督职责。企业安全生产管理人员要正确认识自己的安全职责，与各个重大危险源包保人共同努力，各负其责，防范和遏制重大危险源事故发生。

3. 专职安全生产管理人员如何履行自己的安全职责？

专职安全生产管理人员作为企业安全生产的监督管理人员，既需要自身业务过硬，又需要良好的工作作风，大胆管理、敢于管理，真正履行好自己的安全职责。

（1）业务技术过硬。作为专职安全生产管理人员，首先应具备做好安全生产管理的基本技能要求。《国家安全监管总局办公厅关于印发〈化工（危险化学品）企业主要负责人安全生产管理知识重点考核内容〉等的通知》（安监总厅宣教〔2017〕15号）确定了专职安全生产管理人员应掌握的知识要点，包括掌握国家法律法规、部门规章及地方政府对危险化学品安全生产的要求，熟悉本企业安全生产责任体系、安全生产管理制度体系和应急预案体系，掌握本企业的工艺过程的主要风险及管控措施，掌握关键装置、要害部位的主要风险及管控措施等，充分认识到职责履行不到位可能带来的法律后果，提高对法律的敬畏之心。

（2）良好的工作作风。安全生产管理人员要身体力行，带头贯彻落实国家安全生产法律法规文件精神，在企业主要负责人或分管安全生产负责人的领导下，督促各岗位严格落实安全生产责任制，执行企业各项规章制度，带头不违章。

（3）大胆管理、敢于管理。安全生产管理人员要准确定位并履行好自己的职责，不能做“老好人”，对发现影响安全生产的风险隐患问题应及时提出，督促责任部门整改，不得抱有宽容、侥幸心理。对隐患整改不及时、不到位的现象及时报告企业主要负责人或地方应急管理部门。

（4）严谨细致，不弄虚作假。安全生产管理人员要如实反映企业安全生产管理及隐患排查治理情况，如实记录员工培训教育情况，做好应急管理工作，不断提升企业安全生产管理水平。

（5）其他管理岗位人员要鼎力配合，不推诿、不回避，科学、精准，共同把企业的安全生产工作做好。

思考题

1. 专职安全生产管理人员如何更好地发挥安全生产管理作用？
2. 如何理解专业安全和安全专业的相互关系？

第二节　安全生产规章制度和安全操作规程

一、安全生产规章制度和安全操作规程的重要性

1. 安全生产规章制度的作用是什么？

安全生产规章制度是指生产经营单位依据国家有关法律法规、国家和行业标准，结合生产经营的安全生产实际，以生产经营单位名义颁发的有关安全生产的规范性文件，一般包括规程、标准、规定、措施、办法、制度、指导意见等。

安全生产规章制度是生产经营单位贯彻国家安全生产方针、政策、有关安全生产法律法规、国家和行业标准的行动指南，是生产经营单位有效防范生产、经营过程安全风险，保障从业人员安全健康、财产安全、公共安全，加强安全生产管理的重要措施。

2. 安全操作规程的作用是什么？

安全操作规程是员工操作机器设备、调整仪器仪表和其他作业过程中，必须遵守的程序和注意事项。安全操作规程规定操作过程应该做什么、不该做什么、应该怎么做，设施或者环境应该处于什么状态等，是员工安全操作的行为规范。

安全操作规程是为了保证安全生产而制定的。生产经营单位根据生产性质、技术设备的特点和技术要求，结合实际给各工种员工制定安全操作守则，它是生产经营单位实行安全生产的一种基本文件，也是对员工进行安全教育的主要依据。

3. 为什么要建立安全生产规章制度和安全操作规程？

（1）建立安全生产规章制度和安全操作规程是生产经营单位的法定责任。生产经营单位是安全生产的责任主体，《安全生产法》第四条明确了生产经营单位必须遵守本法和其他有关安全生产的法律、法规，加强安全生产管理，建立健全全员安全生产责任制和安全生产规章制度。因此，建立安全生产规章制度和安全操作规程是国家有关安全生产法律法规明确的生产经营单位的法定责任。

（2）建立安全生产规章制度和安全操作规程是生产经营单位落实主体责任的具体体现。《国务院关于进一步加强企业安全生产工作的通知》要求，要坚持“安全第一、预防为主、综合治理”的方针，全面加强企业安全管理，健全规章制度，完善安全标准，提高企业技术水平，夯实安全生产基础；坚持依法依规生产经营，切实加强安全监管，强化企业安全生产主体责任落实和责任追究，促进我国安全生产形势实现根本好转。生产经营单位的安全生产主体责任主要包括以下内容：物质保障责任、资金投入责任、机构设置和人员配备责任、安全生产规章制度制定责任、教育培训责任、安全管理责任、事故报告和应急救援责任，以及法律法规、规章规定的其他安全生产责任。因此，建立健全安全生产规章制度和安全操作规程是生产经营单位落实主体责任的具体体现。

（3）建立安全生产规章制度和安全操作规程是生产经营单位安全生产的重要

保障。安全风险来自生产、经营活动过程之中，只要生产、经营活动在进行，安全风险就客观存在。客观上需要企业对生产工艺过程、机械设备、人员操作进行系统分析、评价，制定一系列的操作规程和安全控制措施，以保障生产经营单位生产、经营合法、有序、安全地运行，将安全风险降到最低。在长期的生产经营活动过程中积累的大量风险辨识、评价、控制技术，以及生产安全事故教训的积累，是探索和驾驭安全生产客观规律的重要基础，只有形成生产经营单位的规章制度和操作规程，才能够得到不断积累、有效继承和发扬。

（4）建立安全生产规章制度和安全操作规程是生产经营单位保护从业人员安全与健康的重要手段。国家有关保护从业人员安全与健康的法律法规、国家和行业标准在生产经营单位的具体实施，只有通过其安全生产规章制度和安全操作规程体现出来，才能使从业人员明确自己的权利和义务。同时，也为从业人员遵章守纪提供标准和依据。建立健全安全生产规章制度和安全操作规程可以防止生产经营单位管理的随意性，有效地保障从业人员的合法权益。

二、安全生产规章制度的内容及管理要求

1. 安全生产规章制度的编制依据是什么？

安全生产规章制度以安全生产法律法规、国家和行业标准、地方政府的法规和标准为依据。生产经营单位安全生产规章制度首先必须符合法律法规、国家和行业标准的要求，以及生产经营单位所在地地方政府的相关法规、标准的要求。

生产经营单位安全生产规章制度是一系列法律法规在生产经营单位生产、经营过程中具体贯彻落实的体现。安全生产规章制度建设的核心就是危险有害因素的辨识和控制。通过对危险有害因素的辨识，提高规章制度建设的目的性和针对性，保障安全生产。同时，生产经营单位要积极借鉴相关事故教训，及时修订和完善规章制度，防范类似事故的重复发生。

2. 企业应建立哪些安全生产规章制度？

《危险化学品生产企业安全生产许可证实施办法》（国家安全生产监管总局

令第 41 号）明确了企业应建立的管理制度，至少应包括以下内容：

（1）安全生产例会等安全生产会议制度。

（2）安全投入保障制度。

（3）安全生产奖惩制度。

（4）安全培训教育制度。

（5）领导干部轮流现场带班制度。

（6）特种作业人员管理制度。

（7）安全检查和隐患排查治理制度。

（8）重大危险源评估和安全管理制度。

（9）变更管理制度。

（10）应急管理制度。

（11）生产安全事故或者重大事件管理制度。

（12）防火、防爆、防中毒、防泄漏管理制度。

（13）工艺、设备、电气仪表、公用工程安全管理制度。

（14）动火、进入受限空间、临时用电、吊装、高处、盲板抽堵、动土、断路、设备检维修等作业安全管理制度。

（15）危险化学品安全管理制度。

（16）职业健康相关管理制度。

（17）劳动防护用品使用维护管理制度。

（18）承包商管理制度。

（19）安全生产管理制度及安全操作规程定期修订制度等。

除此之外，企业还应根据实际需求，建立下列管理制度：

（1）安全生产责任制及管理制度。

（2）重大危险源安全包保管理制度（存在重大危险源的企业）。

（3）消防安全管理制度。

（4）交通安全管理制度。

（5）防灾减灾管理制度。

（6）事故调查报告处理制度。

3. 安全生产规章制度全生命周期管理的内容是什么？

安全生产规章制度全生命周期包括起草、会签或公开征求意见、审核、签发、培训、考核与反馈、持续改进等环节。

（1）起草。根据生产经营单位安全生产责任制，由安全生产管理部门或相关职能部门负责起草。起草前应明确目的、适用范围、主管部门、解释部门及实施日期等，同时还应做好相关资料的准备和收集工作。安全生产规章制度的编制，应做到目的明确、条理清楚、结构严谨、用词准确。

（2）会签或公开征求意见。起草的安全生产规章制度，应通过正式渠道征求相关职能部门或员工的意见和建议，以利于规章制度颁布后的贯彻落实。当意见不能取得一致时，应由分管领导组织讨论，统一认识，达成一致。

（3）审核。安全生产规章制度签发前，应进行审核。一般是由生产经营单位负责法律事务的部门进行合规性审查。专业技术性较强的安全生产规章制度应邀请相关专家进行审核。安全奖惩等涉及全员性的安全生产规章制度，应经过职工代表大会或职工代表进行审核。

（4）签发。技术规程、安全操作规程等技术性较强的安全生产规章制度，一般由生产经营单位主管生产的领导或总工程师签发，涉及全局性的综合管理制度应由生产经营单位的主要负责人签发。

安全生产规章制度应采用固定的方式进行发布，如红头文件形式、内部办公网络等。发布的范围涵盖应执行的部门、人员。有些特殊的安全生产规章制度还应正式送达相关人员，并由接收人员签字。

（5）培训。新颁布的、修订的安全生产规章制度，应组织进行培训，安全操作规程类安全生产规章制度还应组织相关人员进行考试。

（6）考核与反馈。企业应定期对各岗位人员履行安全生产规章制度情况进行考核，通过奖惩措施提高员工遵章守纪的自觉性。同时检查执行安全生产规章制度过程中存在的问题，或建立信息反馈渠道，及时掌握安全生产规章制度的执行效果。

（7）持续改进。生产经营单位应每年制订安全生产规章制度、修订计划，并应公布现行有效的安全生产规章制度清单。对安全操作规程类安全生产规章制度，除每年进行审查和修订外，每 3～5 年应进行一次全面修订，并重新发布，确保安全生产规章制度的建设和管理有序进行。

三、安全操作规程的编制和管理

1. 安全操作规程的编制依据有哪些？

（1）安全生产相关的国家法律、法规、规章、标准和有关规定。

（2）工艺装置设计文件、工作原理资料和生产工艺流程。

（3）设备的使用说明书和制造资料。

（4）作业环境条件、工作制度、安全生产责任制等。

（5）曾经出现过的危险、事故案例及与本项操作有关的其他不安全因素。

（6）操作者的操作经验。

2. 安全操作规程包含哪些内容？

根据《关于加强化工过程安全管理的指导意见》（安监总管三〔2013〕88 号）的规定，安全操作规程的内容应至少包括：开车、正常操作、临时操作、应急操作、正常停车和紧急停车的操作步骤与安全要求；工艺参数的正常控制范围，偏离正常工况的后果，防止和纠正偏离正常工况的方法及步骤；操作过程的人身安全保障、职业健康注意事项等。

安全操作规程的制定可参考如下内容：

（1）岗位设置。包括岗位名称、任务、管辖范围；岗位定员及分工；岗位职责及任职条件。

（2）工艺操作方法。包括工艺安全信息、操作方法。

（3）开停车、故障及异常情况处理，包括开车、正常停车、紧急停车、故障及异常情况处理。

（4）巡回检查。包括规定检查的频次、时机、记录；规定具体巡检路线、内容和标准；检查内容所覆盖的活动范围及所涉及的设备设施、工（器）具等。

（5）设备维护保养。明确设备维护保养的责任单位、责任人、维护保养事项及应当执行的本单位相关设备的维护保养规程的说明。

（6）交接班制度。规定交接班的交接内容，至少对下列内容作出规定：

1）本班的安全注意事项、产量、工艺指标等生产情况。

2）工具、备品、备件。

3）异常情况及处理情况。

4）其他相关事项。

（7）职业卫生。识别岗位所存在的职业危害因素，并告知其危害。

（8）劳动防护。对劳动防护用品和急救用品的配置、使用及维护保养等作出相应规定。

（9）应急处置。包括现场处置程序与方法、应急自救、应急响应、消防器材的配置与正确使用，人身伤害事故的现场急救等。当需要启动应急救援预案时，应规定启动应急救援预案的条件。

（10）安全操作规程执行情况的检查与考核。规定安全操作规程执行情况的检查与考核要求；规定操作记录要求及记录的内容，包括记录时间、记录人、操作参数、有无异常情况等。

3. 企业应如何管理安全操作规程？

（1）企业要制定安全操作规程管理制度，规范安全操作规程内容，明确安全操作规程编写、审查、批准、分发、使用、控制、修改及废止的程序和职责。

（2）编写完成后，应统一编号，广泛征求修改意见，修改定稿后经专业技术人员审核后由主管部门负责人或主要负责人审批后实施，规定生效日期。

（3）安全操作规程应及时反映安全生产信息、安全要求和注意事项的变化。企业应明确安全操作规程的归口管理部门，每年对安全操作规程的适应性和有效性进行确认，至少每3年要对安全操作规程进行审核修订。当发生以下情况时应及时评审与修订：

1）国家有关安全生产法律、法规、规程、标准废止、修订或新颁布。

2）生产设施新建、扩建、改建。

3）工艺、技术路线和装置设备发生变更。

4）分析重大事故和重复事故原因，发现操作性危险因素。

5）其他相关事项。

安全操作规程修订时，必须有经验丰富的操作人员参加，以及时修正操作人员实际操作中发现的问题。

（4）企业要确保作业现场始终存有最新版本的安全操作规程文本，以方便现场操作人员随时查用；定期开展安全操作规程培训和考核，建立培训记录和考核成绩档案；鼓励从业人员分享安全操作经验，参与安全操作规程的编制、修订和审核。

四、安全生产规章制度和安全操作规程的有效落实

1. 安全生产规章制度和安全操作规程未有效执行的原因有哪些？

（1）安全生产规章制度和安全操作规程内容有缺陷。表现在安全生产规章制度规定的内容笼统，不切合实际，可操作性差，未得到多数执行者的认可，还表现在部门之间、不同体系之间安全生产规章制度相互矛盾，执行者难以理解和掌握。

（2）安全生产规章制度和安全操作规程缺少领导力支撑。表现在企业领导层或管理层不能带头执行，或是重情面、轻制度，或是不能一视同仁，这种领导在一定程度上成为破坏制度的“第一杀手”。

（3）企业对安全生产规章制度和安全操作规程执行情况缺乏有效的监督、检查和考核。表现在未建立相应的考核体系，未明确考核责任部门和考核标准，或者考核力度不够。

（4）企业奖惩机制不完善。表现在对遵章守纪员工的激励不足，导致员工责任心和主动性不高，影响安全生产规章制度和安全操作规程的有效执行；对违纪员工的惩罚力度不够，导致同类违纪行为反复出现，破坏了制度的严肃性和权威性。

（5）企业未定期开展安全生产规章制度和安全操作规程的宣贯培训。表现在员工不清楚制度、规程要求，不清楚自己的职责内容，从而无法将相关要求贯彻落实到具体工作中去。

（6）企业未定期开展安全生产规章制度和安全操作规程的管理评审。表现在企业未明确安全生产规章制度和安全操作规程的评审和修订时机和频次，不能通过定期评审和修订，确保其有效性和适用性。

2. 如何提升安全生产规章制度和安全操作规程的执行力？

（1）提高制度和规程的编写质量。要做到以下几点：

1）篇幅简短，语言简练。

2）通俗易懂，平易近人。

3）开门见山，直奔主题。

4）只写“干什么”，不写“为什么”。

5）就事论事，一事一议。

6）贴合实际，量体裁衣。

（2）加强制度和规程的宣贯与培训。通过宣贯，保证百分之百的员工知晓率及百分之百的内容知晓率。通过宣传，实现制度从理念到行动、从抽象到具体的落实效果。通过宣贯培训，使员工学习制度和规程的内容以及落实制度和规程的经验，了解违反制度和规程的典型案例和后果。

（3）做好制度和规程的监督考核。企业要建立相应的考核机制，成立监督检查小组，采用定期与随机相结合的方式，对制度和规程的执行落实情况进行全覆盖监督检查。在监督和检查过程中，充分吸取各方意见，记录制度和规程中执行不畅或不合理的地方，以备下一次修订改正。

（4）充分发挥领导力作用。杜绝企业领导破坏制度和规程既定的流程和规则，杜绝“破窗效应”现象的发生。通过领导安全引领作用，不仅可以充分调动各级干部、员工遵章守纪的积极性，还能站在高层管理者的角度，充分协调各方资源，为制度和规程的落地生根提供充足的“养分”。

（5）营造自觉遵守制度和规程的文化氛围。企业良好的安全生产规章制度和安全操作规程的执行力来自企业良好的安全文化。当企业制度和规程的内涵未被员工接受时，其仅仅是管理规范，至多是管理者的文化，对员工来说只是外在的约束。只有当企业制度和规程的内涵被员工从心里接受并自觉遵守时，制度才能变成一种文化。企业需要把提高安全管理制度执行力的理念植入每一位员工的头脑之中，通过制度约束使价值观贯彻到员工的行为中，从而形成习惯，再从习惯变为员工的自觉行为，最终形成企业文化。

（6）建立制度和规程评审、持续改进机制。企业的业务流程和管理环境不是一成不变的，制度和规程的更新和修订，不仅可以保持其与实际情况的相符性，更能及时改正制度和规程中不合理的地方，保持其科学性和合理性。在执行过程中，应通过不断地检查、判定制度和规程，对其适宜性、可操作性进行评审，持续改进其中的问题。

思考题

1. 安全生产管理人员应如何组织或参与好安全生产规章制度和安全操作规程合规性建设？

2. 安全生产管理人员应如何督促落实企业安全生产规章制度和安全操作规程？

3. 自查本企业在安全生产规章制度和安全操作规程建设及落实方面存在的问题，并提出解决措施。

第三节　双重预防机制建设与实施

一、双重预防机制基本要求

1. 什么是双重预防机制?

双重预防机制起源于2016年4月6日由国务院安委会办公室印发的《关于印发标本兼治遏制重特大事故工作指南的通知》(安委办〔2016〕3号)以及2016年10月9日印发的《国务院安委会办公室关于实施遏制重特大事故工作指南构建双重预防机制的意见》(安委办〔2016〕11号),提出了“坚持标本兼治、综合治理,把安全风险管控挺在隐患前面,把隐患排查治理挺在事故前面,扎实构建事故应急救援最后一道防线”的指导思想以及“构建安全风险分级管控和隐患排查治理双重预防机制,是遏制重特大事故的重要举措”。

安全风险分级管控,就是风险管理,包括危险源辨识、风险评价分级、风险管控,即辨识风险点有哪些危险物质及能量、在什么情况下可能发生什么事故,全面排查风险点的现有管控措施是否完好,运用风险评价准则对风险点的风险进行评价分级,由不同层级的人员对风险进行管控,保证风险点的安全管控措施完好。

把风险管控好,不让风险管控措施失效而出现隐患,这是第一重“预防”;对风险管控措施出现的隐患及时发现、及时治理,预防事故的发生,这是第二重“预防”。隐患排查治理就是对风险点的管控措施通过隐患排查等方式进行全面管控,及时发现风险点管控措施潜在的隐患,及时对隐患进行治理。

2. 关于建立双重预防机制的法律规定要求有哪些?

《安全生产法》对双重预防机制的建立提出了具体要求:

（1）第四条明确了生产经营单位要构建安全风险分级管控和隐患排查治理双重预防机制，健全风险防范化解机制，提高安全生产水平，确保安全生产。

（2）第二十一条在生产经营单位主要负责人的安全职责中明确了主要负责人对本单位安全生产工作负有组织建立并落实安全风险分级管控和隐患排查治理双重预防工作机制，督促、检查本单位的安全生产工作，及时消除生产安全事故隐患的职责。

（3）第四十一条规定了生产经营单位应当建立安全风险分级管控制度，按照安全风险分级采取相应的管控措施。生产经营单位应当建立健全并落实生产安全事故隐患排查治理制度，采取技术、管理措施，及时发现并消除事故隐患。

（4）第一百零一条规定了生产经营单位未建立安全风险分级管控制度或者未按照安全风险分级采取相应管控措施，未建立事故隐患排查治理制度，或者重大事故隐患排查治理情况未按照规定报告的，责令限期改正，处十万元以下的罚款；逾期未改正的，责令停产停业整顿，并处十万元以上二十万元以下的罚款，对其直接负责的主管人员和其他直接责任人员处二万元以上五万元以下的罚款；构成犯罪的，依照《刑法》有关规定追究刑事责任。

安全风险分级管控和隐患排查治理双重预防机制纳入了《安全生产法》，从国家层面上对双重预防机制更加重视。双重预防机制建设工作将是一项长期的工作，企业应引起高度重视，按要求进一步修改完善双重预防机制有关管理制度，规范双重预防机制有关工作，全员参与到双重预防机制中来，努力取得实效，以实现“把安全风险管控挺在隐患前面，把隐患排查治理挺在事故前面”，确保企业风险可控，实现安全生产。

二、风险分级管控

1. 风险如何分类？

风险应分为两类进行管理：原始风险与现有风险。

原始风险是指风险点（生产装置、罐区、设备设施、作业活动等）因其固有危险性（涉及危险物质或能量或其他情况）而潜在的风险，或者指在不考虑现有管控措施而只考虑固有危险性的情况下，风险点可能潜在的风险。现有风险是指风险点在现有风险管控措施的基础上仍然潜在的风险。现有风险的大小是随着风险点管控措施隐患的产生与治理而动态变化的。

原始风险又称为固有风险、初始风险、裸风险等，现有风险又称为剩余风险、残余风险等。企业风险点在正常情况下通过采取风险消减措施，将重大或较大风险降低为一般风险或低风险，这指的就是现有风险。企业因为构成了危险化学品重大危险源、涉及重点监管危险化工工艺，存在重大风险或较大风险，这指的就是原始风险。

2. 风险的分级与管控层级是如何确定的?

根据《国务院安委会办公室关于印发标本兼治遏制重特大事故工作指南的通知》（安委办〔2016〕3号）、《国务院安委会办公室关于实施遏制重特大事故工作指南构建双重预防机制的意见》（安委办〔2016〕11号）的要求，安全风险等级从高到低分为重大风险、较大风险、一般风险和低风险，分别用红、橙、黄、蓝4种颜色标示。在实际工作中也可以对风险进行数字化分级，即一级风险（重大风险）、二级风险（较大风险）、三级风险（一般风险）、四级风险（低风险），或Ⅰ级、Ⅱ级、Ⅲ级、Ⅳ级或1级、2级、3级、4级等。

对于重大风险、较大风险、一般风险和低风险的管控层级分别对应的是公司级、部门级、车间级、班组级，相应的管控责任人是相应管控层级单位的负责人：公司领导层、部门负责人、车间负责人、班组长等。具体安全风险分级管控要求见表2-1。

表2-1　安全风险分级管控要求

风险管控要求				
风险等级	重大风险	较大风险	一般风险	低风险
管控层级	公司级	部门级	车间级	班组级
责任单位	公司	××部门	××车间	××班组
责任人	公司分管领导	部门负责人（正副职）	车间主任（正副职）	班组长（正副及组员）

3. 原始风险如何判定?

一般采用直接判定法来直接判定风险评价单元的原始风险。结合风险评价单元的固有危险性大小，直接判定其原始风险等级。判定准则可参照如下标准：

（1）直接判定为重大风险的评价单元

1）构成一、二级危险化学品重大危险源的生产、储存单元。

2）同一作业单元内操作人员（仅指正常操作人员，不含检修时作业人员）10人以上的，且具有火灾、爆炸、有毒危险介质的单元。

3）企业或同行业5年内曾经发生过死亡事故的单元。

（2）直接判定为较大风险的评价单元

1）构成三、四级危险化学品重大危险源的生产、储存单元。

2）涉及重点监管危险化工工艺的生产单元。

3）同一区域内当班岗位操作人员（仅指正常操作人员，不含检修作业人员）在5~9人，且具有火灾、爆炸、有毒危险介质的单元。

4）相对独立的具有易燃、易爆、有毒危险介质的装卸区。

5）企业或同行业5年内曾经发生过重伤、职业病、较大及以上非死亡事故的单元。

（3）直接判定为一般风险的评价单元

1）其他生产、使用、储存危险化学品的生产、储存单元。

2）一旦失电将造成公司生产系统全部或局部停车，引起事故风险的变配电站。

（4）直接判定为低风险的评价单元。企业厂区范围内除上述区域以外的其他与生产有关的单元。如控制楼、循环水泵房、消防泵房、消防水池、冷冻站、空压站、办公楼、职工餐厅等。

4. 原始风险如何管控？如何公示？

除了一些重大变更外，一般情况下风险点的固有危险性是难以改变的，如某企业有一个甲醇罐区，设置有两台10 000 m^3的甲醇储罐，甲醇易燃有毒的性质不会改变、甲醇储罐的容积不会改变，所以风险点的原始风险等级一般情况下不会变化，不能采取措施降低原始风险的等级。

原始风险关注的是风险点的固有危险性，原始风险中的重大、较大风险是不能采取措施再降低的。

对于原始风险要采用日常运行控制的方式进行管控，所谓的“日常运行控制”就是在日常工作中，保证风险点的各种管控措施随时处于完好的状态。具体内容包括：对设备设施及安全附件、安全设施的定期检验、检查；管理制度、安全操作规程的及时更新及培训；人员防护；应急管理等。

各级原始风险的管控方式是相同的，但不同等级的风险其管控人员及频次是不同的。根据企业的风险分级管控要求，由不同层级的人员采用不同的频次对不同等级的风险单元进行风险管控，实现将风险按照公司级、部门级、车间级、班组级 4 级管控。对风险进行 4 级管控也是区分原始风险和现有风险的一种方式。现有风险一般只有一般风险、低风险 2 级。

一般情况下，企业原始风险公示的方式主要是绘制原始风险分布图和设置原始风险公示牌。风险分布图分公司级、车间级两级，即在公司、车间总平面布置图上，将各单元按原始风险的等级标注相应的风险红、橙、黄、蓝 4 色。

原始风险公示牌就是在风险单元出入口外侧醒目位置，设置该单元的原始风险公示牌，公示牌的内容主要有单元名称、风险种类（原始风险）和等级、潜在的事故、主要的风险管控措施、管控责任人、应急通信方式等。

5. 现有风险如何评价？

现有风险一般采用工作危害分析（JHA）和安全检查表（SCL），运用矩阵法（LS）或 LEC 法进行评价。

（1）LS 法风险评价准则。LS 法风险评价准则一般称为风险评价矩阵。风险计算公式为：

$$R = L \times S$$

式中 L——事件发生的可能性，取值可参考表 2-2；

S——事件后果的严重程度，取值可参考表 2-3；

R——风险，取值可参考表 2-4。

表 2-2　　事件发生的可能性（*L*）

分数	事件发生频率（*F*）		安全检查	安全操作规程	员工胜任程度（意识、技能、经验）
8	$F\geqslant 1$	在生产过程中通常发生（至少每年发生）	从来没有检查	没有安全操作规程	不胜任（无任何培训、意识不够、缺乏经验）
7	$1>F\geqslant 10^{-1}$	可能在装置的使用寿命中发生多次	一年检查一次	安全操作规程不全面	不够胜任
6	$10^{-1}>F\geqslant 10^{-2}$	可能在装置的使用寿命中发生一次或者两次	偶尔检查	有，但不执行	一般胜任
5	$10^{-2}>F\geqslant 10^{-3}$	类似的事件已经发生过，或者可能在 10 个类似装置的使用寿命中发生	月检	有，但偶尔执行	基本胜任
4	$10^{-3}>F\geqslant 10^{-4}$	在企业内的某些地方曾经发生的类似事件	半月检	有安全操作规程，只是部分执行	胜任，但偶然出差错
3	$10^{-4}>F\geqslant 10^{-5}$	在行业的某些地方曾经发生的类似事件	周检	有，偶尔不执行	胜任
2	$10^{-5}>F\geqslant 10^{-6}$	类似的事件还没有在行业中发生	日检	有，全部执行	很好地胜任
1	$F<10^{-6}$	类似的事件还没有在行业中发生并且发生的可能性极小	每小时巡检	有安全操作规程，严格执行	高度胜任（培训充分，经验丰富，意识强）

表 2-3　　事件后果的严重程度（*S*）

严重性	健康和安全	社会影响	经济影响
8	特别重大的灾难性安全事故，将导致企业界区内或界区外大量人员伤亡： 1. 界区内 30 人及以上死亡；100 人及以上重伤 2. 界区外 10 人及以上死亡，50 人及以上重伤	1. 引起国家领导人关注，或国务院、相关部委领导作出批示 2. 导致吊销国际国内主要市场的生产、销售或经营许可证 3. 引起国际国内主要市场上公众或投资人的强烈愤慨或谴责	事故直接经济损失 1 亿元以上

续表

严重性	健康和安全	社会影响	经济影响
7	非常重大的安全事故，将导致工厂界区内或界区外多人伤亡： 1. 界区内 10 人及以上，30 人以下死亡；50 人及以上，100 人以下重伤 2. 界区外 3~9 人死亡；10 人及以上，50 人以下重伤	1. 引起了国家相关部门采取强制性措施 2. 在全国范围内造成严重的社会影响 3. 引起国内国际媒体重点跟踪报道或系列报道	事故直接经济损失 5 000 万元以上，1 亿元以下
6	严重的安全事故： 1. 界区内 3~9 人死亡；10 人及以上，50 人以下重伤 2. 界区外 1~2 人死亡，3~9 人重伤	1. 引起国内或国际媒体长期负面关注 2. 造成省级范围内的不利社会影响 3. 引起了省级政府相关部门采取强制性措施 4. 导致失去当地市场的生产、经营和销售许可证	1. 事故直接经济损失 1 000 万元以上，5 000 万元以下 2. 发生失控的火灾或爆炸
5	较大的安全事故，导致人员死亡或重伤： 1. 界区内 1~2 人死亡；3~9 人重伤 2. 界区外 1~2 人重伤	1. 引起地方政府相关监管部门采取强制性措施 2. 引起国内或国际媒体的短期负面报道	1. 直接经济损失 100 万元以上，1 000 万元以下 2. 发生局部区域的火灾爆炸
4	较大影响的健康/安全事故： 1. 3 人以上轻伤，1~2 人重伤（包括急性工业中毒，下同） 2. 暴露超标，带来长期健康影响或造成职业相关的严重疾病	存在合规性问题，不会造成严重的安全后果或不会导致地方政府相关监管部门采取强制性措施	直接经济损失 50 万元及以上，100 万元以下
3	中等影响的健康/安全事故： 1. 因事故伤害损失工作日 2. 1~2 人轻伤	1. 当地媒体的长期报道 2. 在当地造成不利的社会影响。对当地公共设施的日常运行造成严重干扰（如导致某道路较长时间无法正常通行） 3. 会损害对有重大利益的相关方的关系	直接经济损失 10 万元以上，50 万元以下
2	轻微影响的健康/安全事故： 医疗处理，但不需住院，不会因事故伤害损失工作日	1. 当地媒体的短期报道 2. 对局部运营或当地公共设施的日常运行造成干扰（如导致某道路在 24 小时内无法正常通行）	直接经济损失 2 万元以上，10 万元以下

续表

严重性	健康和安全	社会影响	经济影响
1	微小影响的健康/安全事故： 1. 急救处理（不用处方药，除预防性处方药外） 2. 短时间暴露超标，引起身体不适，但不会造成长期健康影响	能够引起周围社区少数居民短期内不满、抱怨或投诉（如抱怨设施噪声超标）	事故直接经济损失在2万元以下

注：此表还可以考虑企业生产装置运行影响，即是否会影响生产装置调整负荷、停车、停产等。

表 2-4　　风险评价矩阵（*R*）

可能性＼严重性	1	2	3	4	5	6	7	8
1	1	2	3	4	5	6	7	8
2	2	4	6	8	10	12	14	16
3	3	6	9	12	15	18	21	24
4	4	8	12	16	20	24	28	32
5	5	10	15	20	25	30	35	40
6	6	12	18	24	30	36	42	48
7	7	14	21	28	35	42	49	56
8	8	16	24	32	40	48	56	64

（2）LEC法。LEC法为作业条件危险性评价法，也是一种常用的风险评价方法。风险计算公式为：

$$D = L \times E \times C$$

式中　L——事件发生的可能性，取值可参考表2-5；

E——人员暴露在危险环境中的频繁程度，取值可参考表2-6；

C——事件后果的严重程度，取值可参考表2-7；

D——风险，风险分级可参考表2-8。

表 2-5　　事件发生的可能性（*L*）

分数值	事件发生的可能性
10	完全可以预料
6	相当可能
3	可能，但不经常

续表

分数值	事件发生的可能性
1	可能性小，完全意外
0.5	很不可能，可以设想
0.2	极不可能
0.1	实际不可能

表 2-6 人员暴露在危险环境中的频繁程度（E）

分数值	暴露于危险环境的频繁程度
10	8 小时内连续暴露
6	8 小时内暴露 1~4 小时
3	每周一次暴露（1~4 小时）
2	每月一次暴露（1~4 小时）
1	每年几次暴露（1~4 小时）
0.5	非常罕见暴露

表 2-7 事件后果的严重程度（C）

分数值	事件后果的严重程度
100	10 人以上死亡
40	3~9 人死亡
15	1~2 人死亡
7	严重
3	重大，伤残
1	引人注意

表 2-8 风险分级（D）

D 值	风险等级
>320	重大风险
160~320	较大风险
70~160	一般风险
<70	低风险

6. 现有风险如何管控？

不同等级的现有风险其管控方式也不同。对于现有风险中的重大、较大风险，一般称为“不可接受风险”。重大风险应立即停止作业或生产，采取措施

（即隐患治理措施）降低风险。较大风险原则上应立即采取措施降低风险，如果条件不具备，可以限期进行整改。对于一般风险，也称为尽可能降低风险，即如果具备条件，可以从管理和工程技术等方面采取新的措施，以尽可能地降低风险。对于低风险，可以维持现状。现有各级风险管控要求见表 2-9。

表 2-9　现有各级风险管控要求

等级		应采取的行动/控制措施
Ⅰ级	重大风险	停止作业或生产，立即采取措施降低风险
Ⅱ级	较大风险	立即采取措施降低风险，或建立运行控制程序或方案，定期检查、评估，待具备条件时（3~6 个月）采取措施降低风险
Ⅲ级	一般风险	每年评审修订管理制度、安全操作规程及应急预案，尽可能采取改进措施
Ⅳ级	低风险	考虑是否需要补充建立安全操作规程、作业指导书；或无须采用新的控制措施

现有风险中的重大、较大风险应采取措施予以消减。风险消减措施应从措施的可行性、安全性和可靠性方面进行考虑。可行性主要是从措施的实施成本、周期、是否需要停车处理等方面做出全面的判断；安全性主要是从措施的制定是否能提高风险点的安全性能，或者是否会对原有其他设备设施带来不利影响等；可靠性主要是考虑措施实施后，是否从根本上能消减风险度，把风险降低到可接受的程度。

企业各单元的现有风险一般均为一般风险和低风险，体现在风险分布图中只有黄、蓝两种颜色。

三、隐患排查治理

1. 隐患排查有哪些形式？主要排查内容有哪些？

《危险化学品企业安全风险隐患排查治理导则》明确了隐患排查的形式和内容。

安全风险隐患排查形式包括日常性排查、综合性排查、专业性排查、季节性排查、重点时段及节假日前排查、同类企业发生事故后的类比排查、复产复工前排查、外聘专家排查以及其他排查等。

（1）日常性排查是指企业车间班组、岗位员工的交接班检查和班中巡回检查，以及车间管理人员和各专业技术人员的日常性检查。日常性排查应重点对关键装置、重点部位、重大危险源进行检查和巡查。

（2）综合性排查是指以全员安全生产责任制的落实情况、各专业管理制度的执行情况，以及化工过程安全管理各要素的实际运行情况为重点开展的全面检查。综合性排查内容应包括基础性管理排查内容和生产现场排查内容。综合性排查应分为公司级综合性排查和车间级综合性排查。

（3）专业性排查是指安全基础管理、设计与总图、试生产、重大危险源、装置运行、设备、电气、仪表、应急与消防等专业对生产系统进行的排查。

（4）季节性排查是指根据各季节特点开展的专项检查。主要包括：春季排查以防雷、防静电、防解冻泄漏、防解冻坍塌为重点；夏季排查以防雷暴、防设备容器超温超压、防台风、防汛防洪、防暑降温为重点；秋季排查以防雷暴、防火、防静电、防凝保温为重点；冬季排查以防火、防爆、防雪、防冻防凝、防滑、防静电为重点。

（5）重点时段及节假日前排查是指在重大活动、重点时段和节假日前，对节假日期间领导干部带班值班安排、装置生产是否存在异常状况和事故隐患、备用设备状态、备品备件、生产及应急物资储备、机电仪保运及紧急抢修力量安排、安全保卫、应急、消防等方面的准备工作进行的排查。

（6）事故类比排查是指本企业或同类企业发生生产安全事故后举一反三的安全检查。

（7）复产复工前排查是指节假日、设备大检修等原因，生产装置停产较长时间，在重新恢复生产前，对生产工艺、设备设施等进行的综合性隐患排查。

（8）外聘专家排查是指聘请外部专家对企业进行的安全检查。

2. 隐患排查的频次是如何要求的?

根据《危险化学品企业安全风险隐患排查治理导则》要求，各种隐患排查的频次是：

（1）日常性排查。基层车间操作人员岗位巡查间隔应不大于 2 h，涉及“两重点一重大”的生产、储存装置和场所的操作人员岗位巡查间隔应不大于 1 h；

基层车间工艺、设备、电气、仪表、安全等专业技术管理人员的日常性排查每天应至少进行 2 次。

（2）综合性排查。公司级综合性排查应由企业主要负责人或分管负责人组织，企业主要负责人及与生产有直接关系的分管负责人、有关专业管理部门的管理技术人员参加，每季度应不少于 1 次。

车间级综合性排查应由车间负责人或分管负责人组织，车间负责人、分管负责人及有关管理技术人员、班组长参加，每月应不少于 1 次。

（3）专业性排查。公司级专业性排查应由企业分管负责人或专业管理部门组织，企业分管负责人、专业管理部门管理技术人员参加，有关车间的专业管理人员也可以参加，每季度应不少于 1 次。专业性排查可以和综合性排查联合进行。

（4）季节性排查应在每季节更替前进行。

（5）重点时段及节假日前排查应在重点时段和节假日开始前一周内进行。

（6）事故类比排查应在获悉相关事故信息后及时进行。

（7）复工复产前排查应在复工复产开始前一周内进行。

（8）季节性、重点时段及节假日前、事故类比、复工复产前等排查应由企业相关专业管理部门和车间分别组织开展公司级和车间级排查，或专业管理部门与车间共同组织联合排查。

（9）对于小微企业，可结合企业的实际情况将公司级、车间级综合性、专业性、季节性、重点时段及节假日前、事故类比、复工复产前等有关排查合并开展。

（10）对于企业暂时停产、报废待拆除等生产装置，企业可结合实际情况，开展有针对性的隐患排查。

（11）企业对涉及“两重点一重大”的生产装置、储存设施运用 HAZOP 方法进行安全风险辨识分析，一般每 3 年开展一次；对涉及“两重点一重大”和首次工业化设计的建设项目，应在基础设计阶段开展 HAZOP 分析工作。

3. 如何编制隐患排查表、隐患排查计划？

企业应编制各类隐患排查表，隐患排查表应包括检查项目、检查内容、检查标准或依据、检查结果等内容，还应明确编制人、审核人、批准人。企业应每年评审修订各类隐患排查表，并在实际应用中不断完善。

专业性隐患排查表的内容企业可参考《危险化学品企业安全风险隐患排查治理导则》中各专业性隐患排查表，结合企业的实际情况进行适当的修改和调整，其他类型的隐患排查表的内容应结合隐患排查的形式和内容及企业实际情况进行编制。

企业应由专业管理部门和基层车间分别编制本专业或本单位的事故隐患排查计划，计划中应明确各种隐患排查的目的、要求、内容和负责人。

企业应按计划开展各种事故隐患排查工作，并填写相关事故隐患排查表。

4. 重大隐患如何界定?

《国家安全监管总局关于印发〈化工和危险化学品生产经营单位重大生产安全事故隐患判定标准（试行）〉和〈烟花爆竹生产经营单位重大生产安全事故隐患判定标准（试行）〉的通知》（安监总管三〔2017〕121号）规定了企业可能构成生产安全事故重大隐患的20种情形，具体如下：

（1）危险化学品生产、经营单位主要负责人和安全生产管理人员未依法经考核合格。

（2）特种作业人员未持证上岗。

（3）涉及“两重点一重大”的生产装置、储存设施外部安全防护距离不符合国家标准要求。

（4）涉及重点监管危险化工工艺的装置未实现自动化控制，系统未实现紧急停车功能，装备的自动化控制系统、紧急停车系统未投入使用。

（5）构成一级、二级重大危险源的危险化学品罐区未实现紧急切断功能；涉及毒性气体、液化气体、剧毒液体的一级、二级重大危险源的危险化学品罐区未配备独立的安全仪表系统。

（6）全压力式液化烃储罐未按国家标准设置注水措施。

（7）液化烃、液氨、液氯等易燃易爆、有毒有害液化气体的充装未使用万向管道充装系统。

（8）光气、氯气等剧毒气体及硫化氢气体管道穿越除厂区（包括化工园区、工业园区）外的公共区域。

（9）地区架空电力线路穿越生产区且不符合国家标准要求。

（10）在役化工装置未经正规设计且未进行安全设计诊断。

（11）使用淘汰落后安全技术工艺、设备目录列出的工艺、设备。

（12）涉及可燃和有毒有害气体泄漏的场所未按国家标准设置检测报警装置，爆炸危险场所未按国家标准安装使用防爆电气设备。

（13）控制室或机柜间面向具有火灾、爆炸危险性装置一侧不满足国家标准关于防火防爆的要求。

（14）化工生产装置未按国家标准要求设置双重电源供电，自动化控制系统未设置不间断电源。

（15）安全阀、爆破片等安全附件未正常投用。

（16）未建立与岗位相匹配的全员安全生产责任制或者未制定实施生产安全事故隐患排查治理制度。

（17）未制定安全操作规程和工艺控制指标。

（18）未按照国家标准制定动火、进入受限空间等特殊作业管理制度，或者制度未有效执行。

（19）新开发的危险化学品生产工艺未经小试、中试、工业化试验直接进行工业化生产；国内首次使用的化工工艺未经过省级人民政府有关部门组织的安全可靠性论证；新建装置未制定试生产方案投料开车；精细化工企业未按规范性文件要求开展反应安全风险评估。

（20）未按国家标准分区分类储存危险化学品，超量、超品种储存危险化学品，相互禁配物质混放混存。

符合上述 20 种情形的隐患属于重大隐患，需引起企业的高度关注。企业可以制定严于以上要求的内部重大隐患判定标准。

5. 重大隐患如何治理？

（1）对于重大事故隐患，企业主要负责人应组织制定并实施事故隐患治理方案。重大事故隐患治理方案应当包括以下内容：

1）治理的目标和任务。

2）采取的方法和措施。

3）经费和物资的落实。

4）负责治理的机构和人员。

5）治理的时限和要求。

6）安全措施和应急预案。

（2）对于重大事故隐患，企业应当及时向应急管理部门和有关部门报告。重大事故隐患报告内容应当至少包括：

1）隐患的现状及其产生原因。

2）隐患的危害程度和整改难易程度分析。

3）隐患的治理方案。

4）企业应建立重大事故隐患台账，登记重大隐患排查治理情况。

（3）根据《危险化学品企业安全风险隐患排查治理导则》要求，对于不能立即完成整改的隐患，应进行安全风险分析，并应从工程控制、安全管理、个体防护、应急处置及培训教育等方面采取有效的管控措施，防止生产安全事故的发生。

四、双重预防机制数字化建设

1. 为什么要开展双重预防机制数字化建设?

2022 年 3 月，应急管理部发布了《关于印发〈危险化学品企业双重预防机制数字化建设工作指南（试行）〉的通知》，明确了双重预防数字化建设的定义。危险化学品企业在开展好安全风险分级管控和隐患排查治理双重预防机制的基础上，建立线上线下融合的双重预防机制信息化系统，对风险单元运用隐患排查治理的信息化系统进行风险管控，并实现政府各级部门与企业之间数据互联互通、信息实时共享。

双重预防机制数字化建设工作最突出的优势就是非常有效地简化了企业对各

风险点管控措施的管控方式，重点突出管控风险单元尤其是重大危险源单元的主要管控措施，以实现“管控大风险、杜绝大事故”的目标。对作业活动设备设施的管控改为对风险单元的管控，大大简化了企业工作程序和工作量，使企业有限的精力用到“刀刃”上。

2. 常规双重预防机制与双重预防机制数字化建设之间是什么关系?

常规双重预防机制及双重预防机制数字化建设工作思路是一脉相承的。企业应在常规双重预防机制工作做好的基础上，明确各风险单元的“重点管控的安全风险事件”及风险管控措施，运用信息化系统实现对风险单元管控措施的隐患排查，以保证风险单元的风险处于可控或可接受的范围内。常规双重预防机制在前，双重预防机制数字化建设工作在后；没有常规双重预防机制的结果，就没有双重预防机制数字化建设工作的“重点管控的安全风险事件”的输入；双重预防机制数字化建设工作以常规双重预防机制建设为基础，是常规双重预防机制建设工作的信息化延伸。

3. 如何开展双重预防机制数字化建设?

（1）建立工作推进机制

1）成立领导机构。企业应建立双重预防机制建设领导机构，主要负责人任组长，成员应包括分管负责人及各部门（车间）负责人、技术骨干，并明确各自职责，全面负责推进双重预防机制建设和运行工作。

2）编制实施方案。企业应制定全员参与的双重预防机制建设实施方案，明确工作目标、任务、实施步骤、责任主体、完成时限等。

3）开展全员培训。企业应将双重预防机制内容纳入企业安全教育培训计划，开展全员培训，明确培训学时、培训内容、参加人员、考核方式等，主要培训双重预防机制建设的思路、安全风险分析及隐患排查清单编制流程、信息化系统操作使用等内容。

4）完善管理制度。企业应结合双重预防机制建设相关要求，制修订安全生产责任制、安全风险分级管控、隐患排查治理、培训教育、奖惩管理等相关管理制度，制度文件应符合企业实际、具有可操作性，并有效执行。

（2）风险分级管控

1）划分安全风险分析单元。按照“功能独立、大小适中、易于管理”的原则，选取所有生产装置、储存设施或场所作为安全风险分析对象。按照《危险化学品重大危险源辨识》（GB 18218—2018）的规定，构成重大危险源的应独立作为安全风险分析对象。

2）辨识评估安全风险。企业应组织各相关部门、专业、岗位人员，应用SCL、JHA、HAZOP等方法对安全风险分析单元进行安全风险辨识，评估可能造成爆炸、火灾、中毒窒息等严重后果的事件作为重点管控的安全风险事件。

3）制定管控措施。针对安全风险事件，应从工程技术、维护保养、人员操作、应急措施等方面识别评估现有管控措施的有效性，其中工程技术类管控措施主要针对关键设备部件、安全附件、工艺控制、安全仪表等方面；维护保养类管控措施主要保障动设备和静设备正常运行；人员操作类管控措施主要包括人员资质、安全操作规程、工艺指标等内容；应急措施类管控措施主要包括应急设施、个体防护、消防设施、应急预案等内容。

4）实施分级管控。将安全风险事件对应的管控措施按照分级管控原则分解到领导层、部门、车间、班组等各个层级，确保安全风险管控措施有效实施。上一级负责管控的措施，责任相关的下一级必须同时负责管控，并逐级落实。

5）编制安全风险清单及隐患排查清单，以便数据信息化录入。

（3）隐患排查治理

1）明确隐患排查任务。将安全风险管控措施作为隐患排查任务，明确隐患排查责任人、频次等。隐患排查任务应涵盖全员、责任清晰、周期明确，且与日常巡检等计划性内容相融合。

2）开展隐患排查。根据隐患排查任务，按期开展隐患排查，隐患排查应涵盖原有日常巡检的工作，确保管控措施落实。

3）实施隐患治理。对排查发现的隐患，能立即整改的必须立即整改，无法立即整改的隐患，制订隐患治理计划，做到整改措施、责任、资金、时限和预案“五到位”，确保按时整改。整改完成后要组织对隐患治理效果进行验收，完成隐患闭环管理。

（4）建立信息化系统。企业应开发或改造双重预防机制信息化系统，包含电脑管理端和移动 App 端。

电脑管理端具备动态监控安全风险管控措施落实、隐患排查任务推送、隐患排查治理情况跟踪监督、机制运行效果评估、异常状态自动预警及考核奖惩等功能；移动 App 端具备隐患排查任务和预警信息接收、现场隐患排查情况实时上报、隐患治理全程跟踪等功能。对于尚未建设信息化系统的企业，可自主开发双重预防机制信息化系统，也可部署应急管理部门建设的系统；对于已经自建信息化系统的企业，可对现有系统进行改造，实现相关功能，与政府端数据互联互通，避免重复建设。

企业双重预防机制信息化系统应预留数据接口，具备与其他信息化系统有机融合和与政府系统实现数据互联互通功能，应利用移动化、信息化手段开展隐患排查。有条件的企业可拓展融合视频智能分析、特殊作业电子作业票等其他“工业互联网+危化安全生产”典型应用场景功能，提高双重预防机制数字化建设运行效果。

思考题

1. 安全管理人员如何组织或参与双重预防机制建设工作？

2. 安全管理人员应如何处理好常规双重预防机制及双重预防机制数字化建设工作之间的关系？

第四节 安全管理体系建设

一、企业安全管理体系概述

1. 企业安全管理体系包括哪些?

目前国内化工企业在推行的安全管理体系主要有:

(1)安全生产标准化体系。相关依据标准有《企业安全生产标准化基本规范》(GB/T 33000—2016)、《危险化学品从业单位安全标准化通用规范》(AQ 3013—2008)、《危险化学品从业单位安全生产标准化评审标准》(安监总管三〔2011〕93号)。

(2)化工过程安全管理体系、相关依据标准有《国家安全监管总局关于加强化工过程安全管理的指导意见》(安监总管三〔2013〕88号)、《化工过程安全管理导则》(AQ/T 3034—2022)。

(3)职业健康安全管理体系。相关依据标准有《职业健康安全管理体系 要求及使用指南》(GB/T 45001—2020)。

(4)HSE体系。部分企业自行推行的涉及安全、职业健康、环保方面的管理体系,相关依据标准为各企业的有关体系标准。

(5)其他体系。如杜邦管理体系等。

2. 我国化工过程安全管理(PSM)经过了哪些发展历程?

改革开放以来,我国经济快速发展的同时,化工行业也突飞猛进。但由于我国化学工业起步晚,基础差,缺乏复合型的安全管理人才,化工过程的安全管理在很长一个时期,停留在经验管理和问题导向阶段,没有系统的科学管理方法,重特大事故时有发生，造成了重大社会和国际影响。我国严峻的化工安全生产形势，已成为制约化学工业健康发展的重要瓶颈。事故调查表明，没有实施科学的化工安全生产管理方法、安全管理不善是导致许多重大事故发生的重要原因。

化工过程安全管理已在化工发达国家实施多年，收到预防遏制事故的良好成效。实施化工过程安全管理体系，对于降低事故风险、提高化学工业效益起着重要的作用。

一些长期从事化工安全生产的管理者，基于他们丰富的化工安全生产管理实践经验和对化工过程安全管理的认知，从 2005 年以后，开始向国内推介化工过程安全管理的理念。2011 年 5 月，安全生产行业标准《化工企业工艺安全管理实施导则》（AQ/T 3034—2010）颁布实施，2022 年修订为《化工过程安全管理导则》（AQ/T 3034—2022）。

2013 年，国家安全监管总局发布了《关于加强化工过程安全管理的指导意见》（安监总管三〔2013〕88 号）（以下简称《指导意见》），明确提出要学习借鉴国际化工过程安全管理先进理念和方法，推动我国化工企业加快建立科学的现代化工企业安全管理体系，不断提升化工安全生产科学化水平。《指导意见》针对中国化工企业安全生产的实际情况，增加了适合我国国情的要素，对原有的要素进行了优化，其为发达国家化工过程安全管理“中国化”的产物。《指导意见》还提出了“加强化工过程安全生产信息；风险辨识和控制；不断完善并严格执行操作规程；通过规范管理，确保装置安全运行；开展安全教育和操作技能培训；严格新装置试车和试生产的安全管理；保持设备设施完好性；作业安全管理；承包商安全管理；变更管理；应急管理；事故和事件管理；化工过程安全管理的持续改进等”。

在国内试行化工过程安全管理期间，先后围绕安全仪表、设备设施完好性、信息管理、承包商管理、重大风险管理、特殊作业管理等各方面专题出台了一系列标准和规范性文件。如《国家安全监管总局关于加强化工安全仪表系统管理的指导意见》（安监总管三〔2014〕116 号）、《国家安全监管总局关于公布首批重点监管的危险化工工艺目录的通知》（安监总管三〔2009〕116 号）、《国家安全监管总局关于公布第二批重点监管危险化工工艺目录和调整首批重点监管危险化工工艺中部分典型工艺的通知》（安监总管三〔2013〕3号）、《关于加强化工企业泄漏管理的指导意见》（安监总管三〔2014〕94号）以及团体标准《危险化学品企业设备完整性管理导则》（T/CCSAS 004—2019）、《化工企业变更管理实施规范》（T/CCSAS 007—2020）、《化工企业安全生产信息管理指南》（T/CCSAS 010—2021）等。

3. 我国开展化工过程安全管理应从哪些要素切入？

我国化工领域开展化工过程安全管理的工作思路是：在继续总结现有国内化工企业开展过程安全管理优秀做法和经验的同时，不断充实和完善管理要素，在不断强化企业主体责任落实的基础上，全过程、全方位开展过程安全管理工作，形成包括安全领导力、全员安全生产责任制、安全生产合规性管理、安全生产信息管理、安全教育培训和能力建设、风险管理、装置安全规划与设计、装置首次开车安全、安全操作、设备完好性管理、安全仪表管理、重大危险源安全管理、作业安全管理、承包商安全管理、变更管理、应急准备与响应、事故事件管理、本质更安全、安全文化建设以及体系审核与持续改进在内的20个管理要素，全面提升企业安全管理水平。

（1）安全领导力。企业主要负责人和领导团队对安全生产问题的认知、安全第一的信念、对化工过程安全管理的理解、企业安全生产体制机制和制度建设、人力资源保障、资金投入和考核奖惩等措施，对实施化工过程安全管理至关重要，这些工作只有企业主要负责人和管理团队才能够决定，因此把安全领导力作为第一要素。

（2）全员安全生产责任制。明晰、落实责任是做好一切工作的基础。全员安全生产责任制是安全生产管理工作的灵魂。《安全生产法》特别明确要求企业要建立健全并严格落实全员安全生产责任制。突出强调安全生产责任制是我国安全生产管理工作特有的做法，这可能与国外企业管业务必然管安全和“直线领导”有关。另外，生产安全事故的责任追究和一些企业安全生产责任要求不够具体也增加了落实安全生产责任制的难度。一是企业对全员安全生产责任制的重要性认识不足，编制时没有针对岗位特点明确责任，岗位与责任不匹配；二是不够精细，没有做到“一岗一责”，没有准确定义岗位的全部安全责任；三是相当部分企业仍然认为安全生产就是安全管理部门的事，没有做到“全员、全覆盖”“管业务必须管安全”。完善和落实全员安全生产责任制仍是当前企业安全生产工作的难点和重点。

（3）安全生产合规性管理。如果一个企业的安全管理不符合国家安全生产法律、法规标准和政策性文件要求，一旦发生生产安全事故，基本是责任事故。轻则企业被行政处罚，重则有关责任人会被追究刑事责任，企业会因事故关闭。随着我国加快建设法治国家，安全生产的合规性要求会越来越严格。当前我国化工企业安全生产不合规运行的问题比较普遍和突出，除少量的外商独资企业外，包括一些大型国有企业，安全生产合规性方面尚存在许多的问题，必须引起高度重视。

（4）安全生产信息管理。安全生产信息管理是安全生产一项重要的基础性工作，这项工作看似简单，但要做好并不容易。如果企业员工连所在岗位接触到的化学品危险特性都不清楚，更谈不上安全！更何况工艺技术原理、设备安全操作要求、安全仪表设置依据、同类企业事故教训、政府有关法律法规标准要求等，这些安全生产信息对做好安全生产工作来说，都是重要的基础性资料。当然，对于安全生产信息管理，还要明确谁来做、如何做、做到什么程度、如何充分利用好安全生产信息等问题。

（5）安全教育培训和能力建设。该要素本质是安全生产的人力资源保障。安全教育和培训不能混为一谈。安全教育是教育企业员工增强法治意识、风险意识，提高遵章守纪的意识和自觉性，杜绝违章作业和违反工艺纪律、操作纪律、劳动纪律问题；培训是培养员工提高操作、工作技能，做到懂操作原理、懂工艺流程、懂设备原理，会操作、会维护保养和处理事故、会正确使用应急装备和器材。安全生产教育培训工作的关键是教育培训的有效性、针对性和持之以恒。

安全生产是一门科学，化工安全生产更是一门多学科复合、非常复杂的科学。因此安全生产能力建设是安全生产工作的重要支撑。安全生产能力建设包括企业安全领导能力，安全生产管理能力和员工安全意识、识别风险的能力，安全操作技能和应急处置能力。

（6）风险管理。风险管理是安全生产工作的核心任务，企业安全生产的所有要素都是围绕识别风险、防控风险展开。化工企业风险管理既需要理论指导又要靠实际经验积累，必须在具有较为丰富经验的专业人员组织下、全员参与才能有效开展。

（7）装置安全规划与设计。安全源于设计，化工装置的安全生产工作必须从规划和设计开始。科学的规划、本质安全化的合理设计是化工企业提高本质安全水平的基础。选址不科学、工厂布局不合理、工艺路线落后、设备材料选型不科学、自动化控制水平不高，安全仪表装备不合理，这些问题在生产装置投产后都很难彻底解决。消除规划设计阶段留下的安全隐患是非常困难的，费用代价也是非常高的。因此，必须抓好装置安全规划与设计工作。

（8）装置首次开车安全。化工装置首次投料开车是化工安全生产的一种特殊状态，不确定、不可控因素多，情况多变。由于新竣工的管线、设备设施的安装质量需要在装置实际运行中得到检验，设备仪表的调校效果需要在装置运行中得到印证，操作人员的培训效果、安全操作规程的严谨性、实用性需要在操作运行中得到验证，设备、仪表、操作人员相互之间需要进一步磨合。化工装置第一次投料需要采取特殊的管控措施。

（9）安全操作。在充分消化吸收了所有安全生产信息的基础上，需要编制严谨、准确的安全操作规程。在此基础上，企业员工要严格执行安全操作规程，并根据操作人员操作中遇到的问题和变更情况，及时修订、不断完善，这是避免操作事故的基本要求。

（10）设备完好性管理。此要素要求设备设施不仅仅是部件方面的“完整”，而应该是既要部件“完整”又要功能“完备”。化工生产设备是基础，化工装置的设备完好对于保障安全生产十分重要！许多化工（危险化学品）重大事故都与设备设施泄漏有关。设备管理到位，检维修作业减少，动火等危险作业减少，发生生产安全事故的概率会大大降低。

（11）安全仪表管理。随着我国化工（危险化学品）企业自动化程度越来越高、装置规模越来越大、操作人员越来越少，安全仪表的作用越来越重要，而且化工安全仪表专业性强，技术要求高，人才缺乏，开展工作难度大，因此，作为一个独立要素列出。

（12）重大危险源安全管理。设置这一要素体现了我国化工（危险化学品）安全生产的鲜明特点。构成重大危险源的危险化学品储存量大，与化工生产装置相比，发生事故的概率并不高，但我国人口密度大，一旦重大危险源发生事故，后果往往十分严重，大连“7·16”输油管道爆炸泄漏特别重大事故、天津港“8·12”特别重大火灾爆炸事故以及江苏响水“3·21”特别重大爆炸事故的教训都十分深刻！因此必须对重大危险源采取特别的安全管控措施。

（13）作业安全管理。作业安全管理要素是为了控制非常规作业风险而设置的。化工企业内的动火和进入受限空间作业发生的事故占化工企业事故起数和死亡人数的40%以上，动火和进入受限空间作业安全管理是我国化工企业安全生产的短板和弱项，必须持续强化管理。此外，特殊作业中的盲板抽堵、高处作业、吊装、临时用电、动土、断路等作业也会造成一定风险。随着危险化学品的广泛应用，动火和进入受限空间作业事故向其他行业蔓延的趋势明显加快。因此，动火和进入受限空间作业安全管理，不仅是化工企业安全生产工作的重点，也成为我国安全生产领域防范事故的重点工作。

（14）承包商安全管理。随着社会专业化分工进一步细化，化工企业生产装置大量的建设施工、检维修作业、技术改造等，都由专业的承包商承担。由于承包商对特定化工装置安全风险的认知不足，安全生产管理水平参差不齐，加之业主方或多或少地不会像管理自己企业那样管理承包商安全，使得承包商安全事故多发频发，承包商安全管理也成为我国化工企业安全生产管理工作的重点和难点。

（15）变更管理。许多化工企业的生产安全事故是变更管理不到位造成的，这个问题在我国化工企业尤为严重。大连“7·16”输油管道爆炸泄漏特别重大事故、天津港“8·12”特别重大火灾爆炸事故等化工、危险化学品重特大事故，其变更管理缺失是事故发生的重要原因。

（16）应急准备与响应。应急处置是防范事故、减少事故损失的最后一道屏障。安全事故（事件）早期有效的应急处置可以降低事故风险。通过加强和改进应急准备和响应工作，制定良好的应急预案、备好充足的应急物资、建设训练有素的应急力量和事故早期的有效处置，在遏制事故发展、减少人员伤亡和财产损失方面起着重要的、不可替代的作用。

（17）事故事件管理。抓好事故事件管理是吸取教训、防范同类事故事件重复发生的重要工作。根据《安全生产法》的有关规定，事故的调查权在当地政府安全监管部门，但吸取事故教训是企业必须要做的。从事件抓起，排查隐患，防止事件演化为事故。对于已发生的生产安全事故，则要认真查找原因，防止类似事故再次发生。

（18）本质更安全。“本质安全”是指通过原始设计和持续不断地改进等手段，使生产设备或生产系统本身具有一定“容错性”，即使在误操作或发生故障的情况下也不会造成严重事故的功能。在化工生产中绝对的本质安全是很难实现的，但作为高危行业，化工生产应该不断向本质安全的目标迈进。

本质安全和本质更安全（本质安全化）一字之差，但内涵发生了根本变化。本质安全从定义而言是绝对的，而本质更安全（本质安全化）是相对的，它既是目标又是一项工作，是一个持续改进的过程。化工生产的本质更安全（本质安全化）工作从项目的规划、选址、工艺路线选择、安全设计、设备材料选型、装备自控和安全仪表系统以及施工安装入手，装置投入运行后，要继续通过技术进步加强本质更安全（本质安全化）工作，不断提高本质安全水平。

（19）安全文化建设。企业的安全文化建设，是提升企业安全生产工作执行力的助推器，是企业安全生产规章制度的兜底补充，是企业技术创新、管理创新的有效保障。优秀的化工企业安全文化以“安全第一”为根本理念，以敏锐的风险意识为思想核心，以员工严格的执行力和团结协作的主人翁精神做支撑。美国化学品安全与危害调查委员会（CSB）在化工企业事故调查时，最后都要调查企业安全文化存在的问题，把所有的事故原因最终都归咎到企业安全文化的缺陷上。

（20）体系审核与持续改进。企业安全生产工作是一个长期、复杂的过程，需要不断地查找短板，持续改进。企业安全生产持续改进的措施包括安全生产管理体系的审核、安全生产业绩考核和定期的外部审计。通过体系的定期审核不断完善管理体系；通过良好的安全生产工作业绩考核机制，充分发挥考核的安全生产工作“指挥棒”功能，是加强和改进安全生产工作的有效措施；外部审计则是发现企业领导层、管理层安全生产工作不足的重要手段。通过体系审核、安全生产业绩考核和外部审计，及时发现企业安全生产存在的问题和不足，持续改进安全生产工作，是企业提升安全生产水平的通用方法。

4. 如何正确认识各类安全管理体系之间的关系？

目前许多企业同时建立有多个安全管理体系，如安全生产标准化体系、化工过程安全管理体系、职业健康安全管理体系、杜邦管理体系等。

在同一个企业内部同时运行多个管理体系是可行的。不同的管理体系有不同的侧重点，但各个管理体系的工作思路、方式方法是相通的，体系的总体框架也基本上类似。同一企业在同时运行多个体系时，务必做到将各体系进行有机的融合，在企业总体体系的策划过程中，要充分考虑各体系之间要素的融合性，不能每个体系各自为政。

企业应从体系文件着手，将各体系内容做到有机融合、整合，无论企业有多少个管理体系，其相关的体系文件，包括管理手册、程序文件、作业文件（管理制度包含在其中）等层级文件，应只有一套，且内容上能充分做到各体系共用、通用。对于企业日常生产经营过程中的某些具体工作，比如安全生产法规标准的识别与获取、承包商管理、变更管理等，可能在多个管理体系中均会涉及，但企业只能有一个或一套有关的管理制度文件，避免造成管理工作“两张皮”“多张皮”的现象。

二、安全生产标准化建设

1. 有关法规标准对安全生产标准化建设有哪些要求？

（1）《企业安全生产标准化基本规范》（GB/T 33000—2016）。该标准规定了企业安全生产标准化管理体系建立、保持与评定的原则和一般要求，以及目标职责、制度化管理、教育培训、现场管理、安全风险管控及隐患排查治理、应急管理、事故管理和持续改进 8 个要素的核心技术要求。适用于工矿企业开展安全生产标准化建设工作，有关行业制修订安全生产标准化标准、评定标准，以及对标准化工作的咨询、服务、评审、科研、管理和规划等。该标准是指导各类企业开展安全生产标准化工作的一个总的纲领性文件。

（2）《危险化学品从业单位安全标准化通用规范》（AQ 3013—2008）。该标准规定了危险化学品从业单位开展安全标准化的总体原则、过程和要求。适用于中华人民共和国境内危险化学品生产、使用、储存企业及有危险化学品储存设施的经营企业。标准要求危险化学品企业应采用计划（P）、实施（D）、检查（C）、改进（A）动态循环、持续改进的管理模式运行安全生产标准化体系。安全标准化的建设，应当以危险有害因素辨识和风险评价为基础，树立任何事故都是可以预防的理念，与企业其他方面的管理有机地结合起来，注重科学性、规范性和系统性。安全标准化的实施，应体现全员、全过程、全方位、全天候的安全监督管理原则，通过有效方式实现信息的交流和沟通，不断提高安全意识和安全管理水平。安全标准化采取企业自主管理，安全标准化考核机构考评、政府安全生产监督管理部门监督的管理模式，持续改进企业的安全绩效，实现安全生产长效机制。

安全标准化的建立过程，包括初始评审、策划、培训、实施、自评、改进与提高 6 个阶段。标准共分 10 个管理要素，包括负责人与职责、风险管理、法律法规与管理制度、培训教育、生产设施及工艺安全、作业安全、产品安全与危害告知、职业危害、事故与应急、检查与自评等。

（3）《国家安全监管总局关于印发危险化学品从业单位安全生产标准化评审标准的通知》（安监总管三〔2011〕93 号）。该文件明确了申请安全生产标准化一级、二级、三级企业达标评审的条件、工作要求及危险化学品从业单位安全生产标准化评审标准。评审标准在《危险化学品从业单位安全标准化通用规范》基础上，对部分要素内容进行了细化，形成了 12 个 A 级要素和 56 个 B 级要素，其中 A 级要素包括：法律、法规和标准；机构和职责；风险管理；管理制度；培训教育；生产设施及工艺安全；作业安全；职业健康；危险化学品管理；事故与应急；检查与自评；本地区的要求。

（4）《应急管理部关于印发〈企业安全生产标准化建设定级办法〉的通知》（应急〔2021〕83 号）。该文件适用于全国化工（含石油化工）、医药、危险化学品、烟花爆竹、石油开采、冶金、有色、建材、机械、轻工、纺织、烟草、商贸等行业企业。文件明确了企业标准化等级由高到低分为一级、二级、三级；应急管理部为一级企业以及海洋石油全部等级企业的定级部门，省级和设区的市级应急管理部门分别为本行政区域内二级、三级企业的定级部门。企业标准化定级按照自评、申请、评审、公示、公告的程序进行。

2. 安全生产标准化体系包含哪些要素？

对于危险化学品企业开展安全生产标准化体系建设，其直接依据文件是《国家安全监管总局关于印发危险化学品从业单位安全生产标准化评审标准的通知》（安监总管三〔2011〕93号）。该文件包含12个A级要素和56个B级要素。各级要素及具体内容详见表2-10。

表2-10　　危险化学品从业单位安全生产标准化评审标准要素表

A级要素	B级要素
1. 法律、法规和标准	1.1 法律、法规和标准的识别和获取
	1.2 法律、法规和标准符合性评价
2. 机构和职责	2.1 方针目标
	2.2 负责人
	2.3 职责
	2.4 组织机构
	2.5 安全生产投入
3. 风险管理	3.1 范围与评价方法
	3.2 风险评价
	3.3 风险控制
	3.4 隐患排查与治理
	3.5 重大危险源
	3.6 变更
	3.7 风险信息更新
	3.8 供应商
4. 管理制度	4.1 安全生产规章制度
	4.2 操作规程
	4.3 修订
5. 培训教育	5.1 培训教育管理
	5.2 从业人员岗位标准
	5.3 管理人员培训
	5.4 从业人员培训教育
	5.5 其他人员培训教育
	5.6 日常安全教育

续表

A 级要素	B 级要素
6. 生产设施及工艺安全	6.1 生产设施建设
	6.2 安全设施
	6.3 特种设备
	6.4 工艺安全
	6.5 关键装置及重点部位
	6.6 检维修
	6.7 拆除和报废
7. 作业安全	7.1 作业许可
	7.2 警示标志
	7.3 作业环节
	7.4 承包商
8. 职业健康	8.1 职业危害项目申报
	8.2 作业场所职业危害管理
	8.3 劳动防护用品
9. 危险化学品管理	9.1 危险化学品档案
	9.2 化学品分类
	9.3 化学品安全技术说明书和安全标签
	9.4 化学事故应急咨询服务电话
	9.5 危险化学品登记
	9.6 危害告知
	9.7 储存和运输
10. 事故与应急	10.1 应急指挥与救援系统
	10.2 应急救援设施
	10.3 应急救援预案与演练
	10.4 抢险与救护
	10.5 事故报告
	10.6 事故调查
11. 检查与自评	11.1 安全检查
	11.2 安全检查形式与内容
	11.3 整改
	11.4 自评
12. 本地区的要求	—

评审标准中，还设置了26项A级要素否决项和40项B级要素否决项，具体情况详见表2-11。

表2-11 危化品从业单位安全标准化评审标准否决项清单

A级要素	B级要素	否决项	
		A级（26项）	B级（40项）
1. 法律、法规和标准（100分）	1.1法律、法规和标准的识别和获取（50分）	—	未明确专门部门定期识别和获取，扣50分（B级要素否决项）
	1.2法律、法规和标准符合性评价（50分）	—	未进行符合性评价，扣50分（B级要素否决项）
2. 机构和职责（100分）	2.1方针目标（20分）	—	未制定安全生产方针或年度安全生产目标，扣20分（B级要素否决项）
		—	未签订各级组织的安全目标责任书，扣20分（B级要素否决项）
	2.2负责人（20分）	二级企业未初步形成安全文化体系，扣100分（A级要素否决项）	未明确第一责任人，或不符合规定，扣20分（B级要素否决项）
		一级企业未有效运行安全文化体系，扣100分（A级要素否决项）	未实施领导干部带班，扣20分（B级要素否决项）
	2.3职责（30分）	未建立安全生产责任制，扣100分（A级要素否决项）	主要负责人对其安全职责不清楚，扣30分（B级要素否决项）
		二级企业建立了健全的安全生产责任制和安全生产规章制度体系，并能够持续改进。不符合，扣100分（A级要素否决项）	未建立安全责任制考核机制，扣30分（B级要素否决项）
	2.4组织机构（20分）	未设置安委会、安全生产管理部门或配备专职安全管理人员，扣100分（A级要素否决项）	—

续表

A 级要素	B 级要素	否决项	
		A 级（26 项）	B 级（40 项）
2. 机构和职责（100 分）	2.5 安全生产投入（10 分）	—	未按有关规定投入安全生产费用，扣 10 分（B 级要素否决项）
3. 风险管理（100 分）	3.2 风险评价（10 分）	—	未按规定的频次和时机开展风险评价，扣 10 分（B 级要素否决项）
	3.3 风险控制（15 分）	—	未将重大风险降到可以接受的程度，扣 15 分（B 级否决项）
	3.4 隐患排查与治理（20 分）	二级企业本要素若失分，或存在重大隐患，扣 100 分（A 级要素否决项）	企业无力解决的重大事故隐患未书面向主管部门和当地政府、安全监管部门报告，扣 20 分（B 级要素否决项）
		一级企业未建立安全预警预报体系，扣 100 分（A 级要素否决项）	1. 不具备整改条件的重大事故隐患，未采取防范措施，或未纳入计划，或未限期解决或停产，一项不符合扣 20 分（B 级要素否决项） 2. 未书面向主管部门和当地政府、安全监管部门报告，扣 20 分（B 级要素否决项）
	3.5 重大危险源（20 分）	未建立重大危险源管理制度，或未辨识、确定重大危险源，扣 100 分（A 级要素否决项）	防护距离不符合规定要求，且无防范措施，一处扣 20 分（B 级要素否决项）
		重大危险源有重大事故隐患，且未采取安全防范措施的，扣 100 分（A 级要素否决项）	—
		二级企业应符合本要素要求，不得失分，若失分，扣 100 分（A 级要素否决项）	—

续表

A 级要素	B 级要素	否决项	
		A 级（26 项）	B 级（40 项）
4. 管理制度（100 分）	4.1 安全生产规章制度（40 分）	未制定动火作业管理制度或进入受限空间管理制度，扣 100 分（A 级要素否决项）	未制定以下规章制度之一，扣 40 分（B 级要素否决项）：变更管理、风险管理、隐患排查治理、临时用电作业、高处作业、起重吊装作业、破土作业、断路作业、设备检维修作业、抽堵盲板作业管理制度及文件档案管理制度
	4.2 操作规程（40 分）	—	有岗位未编制操作规程，或岗位无法提供操作规程，扣 40 分（B 级要素否决项）
		—	新工艺、新技术、新装置、新产品投产或投用前未编制操作规程，扣 40 分（B 级要素否决项）
5. 培训教育（100 分）	5.3 管理人员培训（20 分）	—	主要负责人或安全生产管理人员未取得安全资格证书或证书失效，扣 20 分（B 级要素否决项）
	5.4 从业人员培训教育（30 分）	—	新从业人员未接受三级安全培训教育或考核不合格上岗，1 人次扣 30 分（B 级要素否决项）
6. 生产设施及工艺安全（100 分）	6.1 生产设施建设（10 分）	建设项目未按国家安全监管总局令第 45 号令要求进行设计审查、安全条件论证和竣工验收的，扣 100 分（A 级要素否决项）	—
		建设项目使用无资质或资质不符合规定的设计、施工、监理单位，扣 100 分（A 级要素否决项）	—

续表

A级要素	B级要素	否决项	
		A级（26项）	B级（40项）
6. 生产设施及工艺安全（100分）	6.1 生产设施建设（10分）	1. 采用国家明令淘汰的工艺、技术、设备、材料，扣100分（A级要素否决项） 2. 国内首次采用的化工工艺未经论证的，扣100分（A级要素否决项）	新开发的危险化学品生产工艺，未经小试、中试、工业化试验直接进行工业化生产，扣10分（B级要素否决项）
	6.2 安全设施（20分）	二级企业化工生产装置未设置自动化控制系统，或涉及危险化工工艺和重点监管危险化学品的化工生产装置未根据风险状况设置安全联锁或紧急停车系统等，扣100分（A级要素否决项）	1. 未在危险工艺装置上可能引起火灾、爆炸的部位设置超温、超压等检测仪表、声和/或光报警和安全联锁装置等设施，扣20分（B级要素否决项） 2. 没有按标准设置有毒有害、可燃气体泄漏报警仪的，扣20分（B级要素否决项） 3. 经专家诊断没有按标准、规范设置其他安全设施的，扣20分（B级要素否决项）
		一级企业涉及危险化工工艺的化工装置未设置安全仪表系统，或未建立安全仪表系统功能安全管理体系，扣100分（A级要素否决项）	—
	6.3 特种设备（10分）	—	1. 特种设备未及时报废，1台次扣10分（B级要素否决项） 2. 已报废的特种设备，仍在现场使用，1台次扣10分（B级要素否决项）
	6.4 工艺安全（25分）	危险工艺未按规定实现自动化控制的，扣100分（A级要素否决项）	压力容器及附件未检验或检验不合格，一项扣25分（B级要素否决项）

续表

A 级要素	B 级要素	否决项	
		A 级（26 项）	B 级（40 项）
6. 生产设施及工艺安全（100 分）	6.4 工艺安全（25 分）	一级企业涉及危险化工工艺和重点监管危险化学品的化工生产装置未进行过危险与可操作性分析（HAZOP），或未定期应用先进的工艺（过程）安全分析技术开展工艺（过程）安全分析，扣 100 分（A 级要素否决项）	—
	6.5 关键装置及重点部位（15 分）	—	未确定关键装置、重点部位，扣 15 分（B 级要素否决项）
	6.6 检维修（10 分）	—	进行检维修作业时： 1. 未制定检维修方案，扣 10 分（B 级要素否决项） 2. 未办理检维修前工艺、设备设施交付检维修或检维修后检维修交付生产手续，扣 10 分（B 级要素否决项）
7. 作业安全（100 分）	7.1 作业许可（20 分）	未实施危险性作业许可管理，扣 100 分（A 级要素否决项）	—
	7.3 作业环节（40 分）	二级企业动火作业、进入受限空间作业及吊装作业管理制度、作业票证及作业现场评审不失分，若失分，扣 100 分（A 级要素否决项）	未持相应作业许可证进行危险性作业，扣 40 分（B 级要素否决项）
8. 职业健康（100 分）	8.1 职业危害项目申报（25 分）	—	1. 未识别职业危害因素，扣 25 分（B 级要素否决项） 2. 未申报职业病危害因素，扣 25 分（B 级要素否决项）
	8.2 作业场所职业危害管理（50 分）	二级企业未建立完善的作业场所职业危害控制管理制度与检测制度，或未有效实施，或作业场所职业危害未得到有效控制，扣 100 分（A 级要素否决项）	作业场所设生活设施并住人，扣 50 分（B 级要素否决项）

续表

A 级要素	B 级要素	否决项	
		A 级（26 项）	B 级（40 项）
9. 危险化学品管理（100 分）	9.1 危险化学品档案（10 分）	—	未进行危险化学品普查，扣 10 分（B 级要素否决项）
	9.3 化学品安全技术说明书和安全标签（10 分）	—	生产的危险化学品未编制“一书一签”，扣 10 分（B 级要素否决项）
	9.4 化学事故应急咨询服务电话（10 分）	—	未设立应急电话，也未委托应急机构代理，扣 10 分（B 级要素否决项）
	9.5 危险化学品登记（20 分）	—	没有进行危险化学品登记或登记证载明的日期超过有效期，扣 20 分（B 级要素否决项）
	9.7 储存和运输（25 分）	—	剧毒化学品未实行双人收发、双人保管，扣 25 分（B 级要素否决项）
10. 事故与应急（100 分）	10.3 应急救援预案与演练（25 分）	—	未编制事故应急救援预案，扣 25 分（B 级要素否决项）
	10.5 事故报告（15 分）	存在事故瞒报、谎报、拖延不报现象的，扣 100 分（A 级要素否决项）	—
	10.6 事故调查（15 分）	二级企业未将承包商事故纳入本企业事故管理，扣 100 分（A 级要素否决项）	—
11. 检查与自评（100 分）	11.4 自评（30 分）	未进行自评，扣 100 分（A 级要素否决项）	—
12. 本地区的要求		未满足要求，A 级要素否决项	—

3. 企业如何创建安全生产标准化体系？

（1）发挥安全领导力作用。企业各级领导人应对创建安全生产标准化体系工作高度重视，充分发挥领导力作用，真正地参与到安全生产标准化创建工作中来，这是切实创建安全生产标准化体系的关键。企业主要负责人作为关键中的关键，更应重视、全力支持安全生产标准化的创建工作。各级领导人应通过学习标准化通用规范、评审标准等，掌握安全标准化体系包括的要素，明确各要素的主责部门及各要素管理员；要掌握各要素的主要内容、涉及的主要工作，并积极地参与风险分级管控、隐患排查治理、培训教育、应急演练等具体工作。同时，企业各级负责人还要积极参与个人行动计划等活动，明确各自在安全生产标准化创建工作中的行动项并积极付诸实施。

（2）明确创建安全生产标准化体系的目的。企业首先要清楚创建安全生产标准化体系的目的，只有清晰地认识到创建安全生产标准化体系是为了切实提升企业的安全管理水平，企业才能全员全身心地投入到安全生产标准化体系创建工作中来，才能实现预定目标。

（3）正确认识和理解创建工作。正确认识安全生产标准化，以防出现畏难情绪。安全生产标准化体系的创建过程，不是将企业原来的工作推倒重来，而是在原来工作的基础上，进行科学、规范性的提升，不会给企业各部门、员工增加过多的工作，更不会有“额外”的工作。

（4）要真正实现“全专业”参与。企业主要负责人、各专业管理部门、各专业管理人员，要充分认识到安全生产标准化不仅是安全管理部门的工作，也不仅是专职安全管理人员的独有工作，而应是整个企业的工作，是企业各专业管理部门、所有员工共同的工作，要由“安全专业”转变为“专业安全”。专业安全涉及生产经营过程中的方方面面，如安全基础、工艺安全、设备安全、电气安全、仪表安全、储运安全、消防安全等。在安全生产标准化规范、评审标准中，有法律法规和标准、变更、承包商、风险管理、特种设备、工艺安全、检维修、拆除与报废、作业许可、安全检查等 10 余个安全生产标准化 B 级要素均涉及多个专业。

企业各专业的分管领导首先要做好沟通与协作，切不可各自为政。各专业部门在安全管理部门的总体协调下，要有全局意识和一盘棋意识，按标准化创建方案各司其职，团结一心、共同协作，方得始终。

（5）分清创建责任主体。企业是创建安全生产标准化体系的责任主体，企业可以委托具有资质、能力过硬的技术服务机构来培训、辅导，技术服务机构只是为企业提供创建标准化体系的思路，具有检查、引导、指导的职责或作用，但绝对不能替代或帮助企业做任何具体的工作，更不能采取“保姆”式培植、“交钥匙”工程，那样会导致企业的安全管理水平得不到提升，只是得到了一个没有任何实际意义的管理空壳。如果企业只是配合技术服务机构做好创建工作，那就颠倒了二者的责任主体。

（6）明确要素主责单位和要素管理员。安全生产标准化涉及企业各专业、各部门，企业要结合行政管理职责的分工及安全生产标准化各要素的管理内容，明确安全生产标准化中各 B 级要素的管理主责单位。要素的管理主责单位可能是安全管理部门，也可能是生产、设备、人力资源等各专业管理部门，其职责是负责整个企业与本要素有关的所有工作的总体策划、文件编修、执行情况的监督检查、考核，起到统筹、协调、指导、监督的作用。比如企业涉及基建、设备检维修、物流、治安、保洁等多方面的承包商，其中设备检维修承包商最多，应由设备检维修承包商的对口管理部门设备部作为承包商要素的主责部门，来全面组织、协调整个企业的承包商管理，其他专业承包商的归口管理部门作为协助部门，全面配合设备部，规范做好承包商的管理。

在明确了要素主责部门的基础上，还应明确要素管理员，即要素主责部门中负责管理相关要素的直接负责人，由要素管理员来具体落实要素的管理工作。各部门、各车间要明确要素联络员，积极配合要素管理员开展创建工作。

（7）企业实现全面整改、系统提升。对于在安全生产标准化预评估、培训过程中技术服务机构提出的各类问题，企业切不可简单地“点对点”整改，要系统整改、从根源整改，实现举一反三，以点带面的整改。

企业安全生产标准化创建主责部门要将问题整改通知发给专业管理部门或要素管理部门，而不是直接发给问题所在的基层车间，由专业部门来从根源上分析问题产生的原因，找到问题究竟出在哪一环节，由专业管理部门组织修改有关管理制度，组织各车间进行全面地举一反三排查与整改。

比如：动火作业管理存在的问题由安全管理部门组织全面整改；操作规程管理存在的问题由生产管理部门组织全面整改；可燃有毒气体检测报警器的管理问

题由设备管理部门组织全面整改。如果只是问题所在基层车间进行整改，则很有可能只是把这个装置的问题整改了，而同一车间或者其他车间的其他装置的同样或类似的问题却没有整改，没有实现系统整改。

（8）企业要主动作为。在安全生产标准化体系创建过程中，企业各部门、各车间、各级人员要有积极主动的工作态度，要主动学习并运用评审标准的要求，不断地对本部门、本岗位的工作进行对标自查，发现自身工作的问题与不足，及时咨询技术服务机构专家团队采取措施整改，这样才能更快更好地促进各专业管理水平的提高。如果只是一味地等待技术服务机构的专家团队来提问题、被动地改问题，问题永远提不完、改不完，对于各要素的管理缺少自主系统性认识，管理水平也不会得到有效提升。

企业的主动作为不能只表现在有主观意愿，更多地需要主动去发现问题，解决问题。如果自身业务素质不够、知识储备不足，尽管想提问题但不一定能提出问题。这就要求各专业的管理、技术人员要主动学习，首先是从安全生产标准化基本规范、评审标准学起，其次是国家在安全生产方面的有关法律、法规和其他要求，最后是具有专业性的各专业的标准规范。只有掌握的知识多了，才会更多地发现工作中的不足和欠缺。

（9）避免创建工作形式化。在安全生产标准化体系创建过程中，不但要做到知其然，还要做到知其所以然。在对安全生产标准化基本规范、评审标准充分学习、理解的基础上，各要素管理员、要素联络员及其他人员应清楚地掌握评审标准各要素、各具体条款为什么要这么要求、要求企业达到什么样的目的，企业该如何做才能满足要求。明确了目的，才能结合企业实际情况，有针对性地改进、提升、完善有关工作。不能在没有“知其所以然”的情况下，单纯地为了满足评审标准的要求，机械教条地做一些形式化、表面化的工作，这样非但没有提升和完善原来的工作，反而会增加员工不必要的工作负担，影响了企业的正常管理。明确目的后，过程管理要简单有效，在满足合规性的基础上，要尽可能减少、简化管理制度和不必要的记录。

（10）实现体系融合。目前许多企业都同时建立了质量、职业健康安全、环境保护、能源、HSE 等多种管理体系，在安全生产标准化体系的创建过程中，务必要做到与其他体系的有机融合。要充分认识到，无论是何种体系，其管理总体框架、模式、思路都是相通的、一致的，只是在某些专业管理方面各有侧重。企业首先要建立健全制度管理体系，无论有多少个管理体系，其制度体系应该只有一个。对于某一项具体工作，只能有一个管理制度。

安全生产标准化体系的创建工作是一项系统性的工程。企业应在技术服务机构培训人员的指导下，在创建工作策划之时，全面结合企业自身的实际情况，有针对性地制定建设方案，做好顶层设计，扎扎实实做好各要素的全面提升，才能保证后续顺利地推进安全生产标准化体系的具体创建工作。

三、安全生产标准化体系运行

1. 企业安全生产标准化体系运行要重点关注哪些 A 级要素?

危险化学品从业单位安全生产标准化评审标准中 12 个 A 级要素的权重系数柱状图如图 2-1 所示。

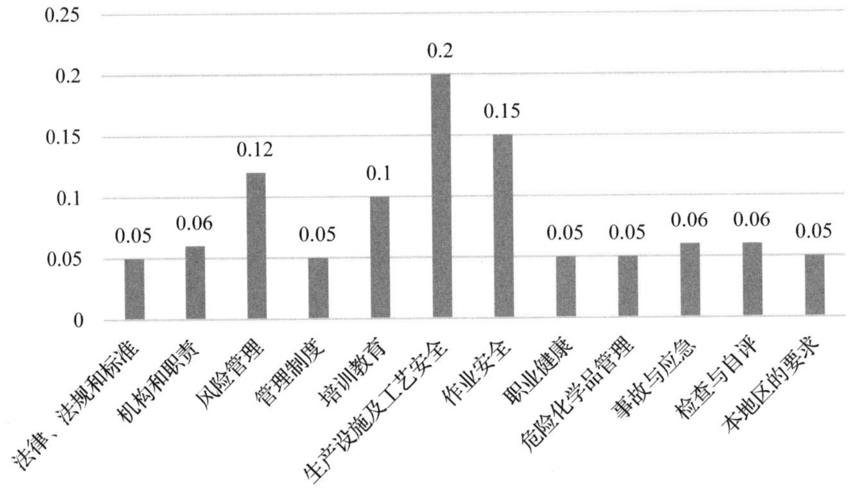

图 2-1　A 级要素权重系数

从图 2-1 可以看出，权重系数大于等于 0. 1 的 A 级要素共 4 个，分别为：

（1）第 6 要素：生产设施及工艺安全，权重系数为 0. 2。

（2）第 7 要素：作业安全，权重系数为 0. 15。

（3）第 3 要素：风险管理，权重系数为 0.12。

（4）第 5 要素：培训教育，权重系数为 0.1。

第 6 要素所包含的专业最多，包括安全、工艺、设备、电气、仪表、总图与设计等专业，也是内容最多、最复杂的要素，包含生产设施建设、安全设施、特种设备、工艺安全、关键装置及重点部位、检维修、拆除和报废 7 个 B 级要素。涉及 7 项 A 级否决项、9 项 B 级否决项。同时该要素在评审过程中是最容易失分的要素。

第 7 要素包括作业许可、警示标志、作业环节、承包商等 4 个 B 级要素，其重点内容为特殊作业的管理和承包商，是企业管理的难点和痛点。涉及 2 项 A 级否决项、1 项 B 级否决项。

第 3 要素包括范围与评价方法、风险评价、风险控制、风险信息更新、隐患排查与治理、重大危险源、变更、供应商 7 个 B 级要素。其重点应关注的是风险管理、隐患排查与治理、重大危险源、变更，均是企业日常应重点关注的各专业工作。

第 5 要素包括培训教育管理、从业人员岗位标准、管理人员培训、从业人员培训教育、其他人员培训教育、日常安全教育等 6 个 B 级要素。涉及 2 项 B 级否决项。

2. 如何实现安全生产标准化体系持续改进?

（1）《应急管理部关于印发〈企业安全生产标准化建设定级办法〉的通知》（应急〔2021〕83 号）明确了企业安全生产标准化定级按照自评、申请、评审、公示、公告的程序进行。其中自评、评审，是促进企业安全生产标准化体系持续改进的有效方式。

（2）《危险化学品从业单位安全生产标准化评审标准》（以下简称《评审标准》）第 11 要素为检查与自评。对于安全生产标准化体系自评，《评审标准》提出了如下明确要求：建立安全生产标准化自评管理制度、明确自评时间和时机、制订自评计划、编制自评检查表、建立自评组织、每年至少 1 次进行安全标准化自评、编制自评报告、提出进一步完善的计划和措施、对自评有关资料存档管理。对于自评中发现的不符合项，参照隐患治理的程序，企业应积极采取措施进行整改。

四、现代安全管理的理论基础与特征

1. 现代安全管理的理论基础有哪些？

现代安全管理是现代社会和现代企业实现现代安全生产和安全生活的必由之路。一个具有现代技术的生产企业必然需要与之相适应的现代安全管理科学。目前，现代安全管理是安全管理体系中最活跃、最前沿的研究和发展领域。

现代安全管理工程的理论和方法有安全哲学原理、安全系统论原理、安全控制论原理、安全信息论原理、安全经济学原理、事故预测与预防原理、事故突变原理、事故致因理论、事故模型学、安全法制管理、安全目标管理法、安全行为抽样技术、安全经济技术与方法、安全评价、安全行为科学、安全管理的微机应用、安全决策、本质安全技术、危险分析方法、风险分析方法、系统安全分析方法、系统危险分析、故障树分析、危险控制技术、安全文化建设等。

2. 现代安全管理的基本特征是什么？

（1）强调以人为中心的安全管理，体现以人为本的科学的安全价值观。安全生产的管理者必须时刻牢记保障劳动者的生命安全是安全生产管理工作的首要任务。人是生产力诸要素中最活跃、起决定性作用的因素。在实践中，把安全管理的重点放在激发和激励劳动者对安全的关注度、充分发挥其主观能动性和创造性上面，形成让所有劳动者主动参与安全管理的局面。

（2）强调系统的安全管理。也就是要从企业的整体出发，实行企业全员、全过程、全方位的安全管理，使企业整体的安全生产水平持续提高。

（3）计算机和互联网的应用。计算机和互联网的普及应用加速了安全信息管理的处理和流通速度，并使安全管理逐渐由定性走向定量，使先进的安全管理经验、方法得以迅速推广，事故教训得以及时共享。互联网技术以及现代检测技术的发展使得在线检测监控技术成为对危险工艺和危险物品生产过程实施监控不可或缺的安全管理技术手段。可以说，互联网技术的应用是 21 世纪现代安全管理最显著的基本特征。

3. 企业如何实施安全生产标准化体系自评?

（1）明确自评频次或时机。企业应每年至少进行一次安全生产标准化综合自评，一般在每年年末年初实施。企业如果拟进行安全生产标准化定级，在外部评审前应组织实施一次安全生产标准化全面自评。

（2）制订自评计划。自评前，企业应编制自评计划、自评检查表。自评计划中应明确自评小组的组成、自评范围、日程安排、评审要素分工等，自评计划由公司主要负责人批准。

（3）成立自评组织。企业应成立安全生产标准化自评小组，企业主要负责人任组长，分管副总任副组长。自评员由安全、生产、设备等部门的要素管理员担任，同时应由车间有关专业的技术人员、员工代表参加自评。

（4）开展自评。各自评员对照《危险化学品从业单位安全生产标准化评审标准》，通过面谈、提问、查阅文件、现场查看等方式开展自评，填写自评检查表，形成自评问题清单表及自评得分表，得出自评结论。业务主管部门对自评发现的问题，按隐患治理的程序组织整改，并对整改情况进行监督落实及跟踪验证。

五、国外安全管理经验

1. 国外过程安全管理的起源与发展是怎样的?

20 世纪 60 年代，在欧洲和美国发生了一系列重大工艺安全事故，巨大的人员伤亡和财产损失乃至严重的环境污染，引起了社会各界对化工安全的强烈关注。工业界意识到需要采用系统的方法和技术来预防化工安全事故的发生。其后，在欧美等地，政府部门陆续颁布了相关的化工过程安全管理法规。

推动化工安全生产科学化管理的第一起重大事故，是 1974 年 6 月 1 日发生在英国 Flixborough 镇 Nypro 公司的己内酰胺爆炸事故。事故引发了欧洲化学工程技术人员对化工生产中由于设备设施变更缺乏管理带来巨大风险的高度关注。相关化工行业的管理者和工程师通过对事故原因的深入分析，提出了过程危害分析的观念，要求在工程设计环节进行过程危害分析，这是化工过程安全管理的雏形。

推动化工安全生产科学化管理的第二起重大事故，是1976年7月10日发生在意大利北部城市塞韦索的伊克梅萨化工厂爆炸事故。塞韦索事故促使当时的欧共体（欧盟前身）制定和通过了预防和控制此类事故发生的法律，即1982年颁布的《关于工业活动中重大事故危害的指令》，又称《塞韦索指令》。《塞韦索指令》的实施，有效减少了大型工业事故的发生。

推动化工安全生产科学化管理的第三起重大事故，是1984年12月3日发生在印度博帕尔市的美国联合碳化物公司农药厂的剧毒气体泄漏事故。印度博帕尔事故造成数以万计的人员伤亡，促使美国化学工程师协会（American Institute of Chemical Engineers，AICE）在1985年成立了化工过程安全中心（Center for Chemical Process Safety，CCPS），主要从事化工、石化及工艺加工行业的安全技术发展与传播，以帮助企业预防重大工艺安全事故。1988年，美国化学理事会（ACC）颁布了“责任关怀”，其中包含了化工过程安全相关的规定。

1992年2月24日，美国职业安全与健康管理局（Occupational Safety and Health Administration，OSHA）出版了化工过程安全管理标准《高危化学品过程安全管理》，提出了化工过程安全（Process Safety Management，国内开始翻译为“工艺安全管理”，简称PSM）的相关要求，并于1992年5月26日生效。

1996年，《塞韦索指令》修订为“《塞韦索指令》Ⅱ”指令，它吸取了印度博帕尔事故的教训，更加强调对重大危害的控制和建立过程安全管理系统的必要性。

作为美国职业安全与健康管理局的标准之一，化工过程安全管理是一整套主动识别、评估、缓解和防止石油化工企业由于过程操作与设备导致安全事故的整体管理体系。化工企业安全管理的目的是减少和控制生产过程中的危险有害因素，防止发生火灾、爆炸和有毒化学品泄漏等重大事故，避免事故造成的生命和财产损失以及环境污染等，确保企业安全。如果化工过程安全管理实施得当，可以提高生产安全、增加生产效率和消减长期成本。

为了进一步提升化工过程安全管理的效率和效果，调用更多的资源参与化工安全生产工作，2007 年美国化学工程师协会化工过程安全中心出版了 *Guidelines for Risk Based Process Safety*（RBPS，中文译为《基于风险的化工过程安全》）。在《基于风险的化工过程安全》中，管理制度由“化工过程安全管理指南”中的 12 类，扩展到“对化工过程安全的承诺”“理解危险和风险”“风险管控”“吸取经验教训”4 个方面 21 项管理制度和措施，特别是突出对“安全文化”和“安全能力”提出要求，进一步强调了安全理念和能力对做好安全生产工作的极端重要性。

2. 从美国石化企业安全管理中可以借鉴哪些经验？

（1）强化法规。1992 年以来，美国不断加强和完善安全法规，收到了明显成效。1992 年 2 月，美国职业安全卫生署正式颁布《过程安全管理规范》，完成了生产过程安全管理立法。该规范将技术、程序和管理实践融为一体，使过程安全置于优先地位，加快了以过程安全管理为核心的一系列安全法规，从而使石化企业事故逐年下降。

（2）改进装备。石化企业的设备故障是造成灾害事故的主要原因，因此选用良好的设备、材质、仪表，以及可靠的设备状态监测和自控自保系统，是实现安全生产的物质基础。除整体设备外，美国对阀门、管道的安全性也十分重视，并将防止管输系统泄漏作为环保、安全、节能的要点，对设备及施工提出了“零释放”要求。

在设备状态的监测中采用了数据采集系统与病态诊断的专家系统，可即时做出设备动态的判别；在管输系统中普遍使用了在线腐蚀监测仪，可对管道腐蚀状况进行预知性管理。在安全装备上，采用了毒质/火灾监测和控制系统、自动应急停车系统和生产过程自动监测控制系统，从而消除人为因素的干扰，保证了安全生产。

（3）发展软科学。安全方面的软科学主要有：安全管理的现代方法、安全系统工程学分析、安全评价、安全系统工程学、安全人机工程学、安全心理学、安全经济学、安全诊断专家系统等。《美国 OSHA 安全法规》规定，过程装置必须进行危险性分析，以消减灾难性事故。为此，在石化企业工程设计上，普遍采用了智能型计算机辅助设计，使过程危险性分析程序化，成为安全化管理的主要工具；在安全培训上，采用了计算机仿真培训系统，使新工人在数周之内可以得到传统师徒培训法几年才能取得的经验，保证了操作规程可持续性的继承与发展。

安全评价技术是对石化企业作业系统存在的危险性进行定性和定量分析，推测危险性的概率及程度，以寻求最低事故率、最少的损失和最优的安全投资效益。利用“故障树”分析法，对设计、施工、设备、工艺等全流程一一进行可靠性分析，实现了“本质安全企业”。我国的石化企业也正在建立人、机、科学、法律、环境等“5M”的安全企业，在人员素质、设备、工艺、管理和整体环节5个方面下功夫，逐步走向“本质安全企业”。这与美国石化企业的强化管理、改进装备、发展软科学的方向是一致的。

3. 从国际壳牌石油公司安全管理中借鉴哪些经验?

国际壳牌石油公司（以下简称壳牌公司）的安全管理以11个方面为主要特色，其安全管理的做法在世界石油行业，甚至整个工业社会有广泛的影响。

（1）管理层对安全事项做出明确承诺。公司管理层可通过下列内容显示其对安全的承诺：

1）在策划与评估各项工程、业务及其他营业活动时，均以安全成效作为优先考虑的事项。

2）对事故表示关注。总裁级人员应与一位适当的集团执行董事委员会成员商讨致命意外的全部细节及为避免意外发生所采取的有关措施。总裁级以下的管理层，也应同样关注各起意外事故，就意外进行的调查及跟进工作，以及有关人士的赔偿福利事项。

3）用经验丰富及精明能干的人才承担安全部门职责。

4）准备必要资金，用于创造及重建安全工作环境。

5）树立良好榜样。

6）系统地参与所辖各部门进行的安全检查及安全会议。

7）在公众和公司集会上以及在刊物上推广安全信息。

8）每日发出指令时要考虑安全事项。

9）将安全事项列为管理层会议议程要项，同时在业务方案及业绩报告内突出强调安全事项。

（2）明确、细致、完善的安全政策。制定政策时以下列基本原理作为依据：

1）确认各项伤亡事故均可及时避免的原则。

2）各级管理层均有责任防止意外发生。

3）安全事项应该与其他主要的营业目标同等重视。

4）必须提供正确操作的设施，以及制定安全程序。

5）各项可能引致伤亡事故的业务和活动，均应做好预防措施。

6）必须训练员工的安全能力，并让其了解安全对他们本身及公司的裨益，明确责任。

7）避免意外是业务成功的表现。实现安全生产往往是工作有效率的证明。

（3）明确各级管理层的安全责任。高层管理人员务必订阅一套安全政策，并发展及联络实行此套政策所需设立的安全组织。安全事项为各层职级的责任，其责任需列入现有管理组织的职责范围内。各管理层对安全的责任及义务，必须清楚界定于职责范围手册内。

推行安全操作、设备标准及程序，以及安全规则及规例的安全政策时，需具备一套机制。安全组织必须促使信息及意见上呈下达，使得全体员工有参与其中之感。

（4）设置精明能干的安全顾问。经理级人员往往将安全事项交予安全部门负责，但安全部门并无权利负责，亦无义务处理他人管理下所发生的事故。其职责只是提供意见，予以协调及进行监管。要有效履行这些职责，安全部门需具备充分的专业知识，并与各级管理层时刻保持联络。该部门更需不时密切留意公司的商业及技术目标，以便：

1）向管理层提供有关安全政策、公司内部检查及意外报告与调查的指引。

2）向设计工程师及其他人士提供专业安全资料及经验（包括数据、方法、设备等）。

3）指导及参与有关制定指令、训练及练习的准备工作。

4）就安全发展事项与有关公司及政府部门保持联络。

5）协调有关安全成效的监督及评估事项。

6）给予管理层有关评估承包商安全成效的指引。

（5）制定严谨而广为认同的安全标准。安全标准可以是工作程序、安全守则与规例及厂房管理水平，其标准的关键有以下几个方面：

1）应以书面制定，文字通俗易懂。

2）标准必须告知公司及承包商的全体员工。

3）当一项守则或标准所定的程序被认为不切实际或不合理时，该项守则或标准多不会为人所接受，亦不会有人愿意遵守，而且必将难以执行。

4）通过公司本身与其他公司所得的安全经验进行修订。

（6）严格衡量安全绩效。采取残疾损伤或伤亡意外（LTI）频率作为一项衡量安全成效的方法，且为壳牌公司进行各项伤亡事故统计的依据。这种方法与同行业或其他行业的工业安全分析做法相近，以便能对安全成效作出直接比较。

利用工时损失频率也是一种有效的分析指标，但在伤亡意外（LTI）的总数过少，或业务规模较小，而且伤亡意外数字又接近或等于零的情况下就缺乏准确性。当出现上述情况时，不能依赖该项指标作为安全成效的指标，需采用更为精确灵敏的衡量方法。

（7）实际可行的安全目标及目的。安全目标尽量以数量显示，其内容可包括下列各项：

1）按照完成进度而制定或检讨的指令、守则、程序或文件。

2）定期召开安全委员会会议及其他安全会议的数量。

3）定期进行各项检查或审查的。

4）编排与安全有关设施的进度，及实行新程序的日期。

（8）对安全水平及行为进行审查。大多数的壳牌公司均已订立安全检查及审查计划，经常集中检查设备及程序上的安全情况，且由管理人员、经理、安全部门代表，按照数月一次或数年一次的固定进度表进行。有关人员应该致力于提高安全检查的效用，项目包括各次检查的内容、范围及参与人选，并采取措施监督各项检查建议是否在适当的时候实行。

同时，危险行为也应予以检查。此项任务可在经理或管理人员每次进入一个工作区域时进行，其中包括注意员工举动、生产操作时的方法及所穿的服饰，并留意各项工具、装备及整体的工作环境。及时纠正危险行为可避免意外发生，记录他们的行为，可成为安全评价的参考。

（9）有效的安全训练。推行改善安全管理计划务必全力确保员工在安全条件下了解计划的详情，以及计划背后的基本原理。令管理层和所辖员工及承包商接受这些基本原理，对于管理层来说是最大挑战，可通过举办多项介绍会、研讨会及座谈会来达到这个目标。

这些措施可令安全计划在全公司迅速普及，但管理人员与下属进行的非正式讨论及汇报亦同样重要。所用方法务必贯彻统一，使每个人均获相同的讯息。高层管理部门应当参与这些介绍会，以示本身对安全的承诺。重点需要改变人们对安全的态度，让人们了解个人行为都可成为预防意外发生的关键因素。

技术训练是有效的，但应将特定的安全项目列入训练计划中。训练计划应有系统地加以策划，使行为上的训练与工作需要的技术训练取得平衡。管理层应策划及监督专为员工设立的训练计划的整项进度，确保有关人士获得全面训练，帮助其履行职务。

（10）强化伤亡事故调查及跟进工作。事故调查应该按照以下基本原则进行：

1）及时调查。

2）委派真正了解工作情况的人员参与调查。

3）收集及记录事实，包括组织上的关系、类似的意外事故及其他相关的背景资料。

4）以“防止类似事故重演”作为调查目的。

5）确定基本的肇事原因。

6）建议各项纠正行动。

各项建议务必贯彻执行，任何所获的经验教训也该告知公司及集团全体员工，并于适当情况下告知其他有关人士。

（11）有效的管理运行及沟通。改善安全管理计划的成败，取决于员工如何获得推动力及如何互相联络沟通。成功秘诀之一是与各级员工取得沟通，渠道包括书面通知、报告、定期通信、宣传活动、奖励/奖赏计划、个别接触，以及最为有效的方法——在工人中召开有系统的安全会议。这些会议可让每个人参与安全事项讨论，畅所欲言。

会上未能解决的事项及一般重要性的行动事项，也应提呈适当的经理人员或安全委员会加以重视。有关方面应尽早作出回复，以免尚待解决的行动事项不断积聚。

除召开有系统的安全会议外，管理人员当与下属研讨将要进行的工作时，亦需讨论相关的安全事项，如工作计划、施工过程、工作例会等。

管理层在安全委员会及安全会议上的主要目的之一，是探讨各级员工对安全计划的观感，以及安全资料及信息是否正确无误地传达。为继续给予员工推动力，管理层务必鼓励员工作出回应，各抒己见。

4. 杜邦公司安全管理特点主要有哪些?

（1）安全哲学。杜邦公司的高层管理者对其公司的安全承诺是：致力于使工人在工作和非工作期间获得最大程度的安全与健康；致力于使客户安全地销售和使用其产品。

安全管理是公司事业的组成部分，是建立在这样基石上的信仰。这种信仰认为，所有的伤害和职业病都是可以预防的；任何人都有责任对自己和周围工友的安全负责，管理人员对其所辖机构的安全负责。

（2）安全目标。针对自身的安全理念和要求，杜邦公司明确了安全目标，即“零伤害、零职业病、零环境损坏”。

（3）安全信仰

1）所有伤害和职业病都是可以预防的。

2）关心工人的安全与健康至关重要，必须优先于其他各项目标。

3）工人是公司的最重要财富，每个工人对公司作出的贡献都具有独特性和增值性。

4）为了取得最佳的安全效果，管理层做出安全承诺，必须发挥出领导作用并做出榜样。

5）安全生产将提高企业的竞争地位，在客户中产生积极的影响。

6）为了有效地消除和控制危害，应积极地采用先进技术和设计。

7）工人并不想使自己受伤，因此能够进行自我管理，预防伤害。

8）参与安全活动，有助于增加安全知识，提高安全意识，增强对危害的识别能力，对预防伤害和职业病有很大的帮助作用。

（4）安全管理原则

1）把安全视为所从事工作的一个组成部分。

2）确立安全和健康作为就业的一个必要条件，每个职工都必须对此条件负责。

3）要求所有的工人们都要对其自身的安全负责，同时也必须对其他职员的安全负责。

4）管理者要对预防伤害和职业病负责，对工人遭遇工伤和职业病的后果负责。

5）提供一个安全的工作环境。

6）遵守一切职业安全卫生法规，并努力做到高于法规的要求。

7）把工人在非工作期间的安全与健康作为其关心的范畴。

8）充分利用安全知识来帮助客户。

9）使所有工人参与到职业安全卫生活动中去，并使之成为产生和提高安全动机、安全知识和安全技能的手段。

10）要求每一个职员都有责任审查和改进其所在的系统、工艺过程。

5. 我们可以从杜邦公司借鉴哪些管理经验?

（1）明确安全具有压倒一切的优先理念。公司面临着一个复杂而又迫切的任务，那就是在事关竞争地位的各个方面（客户服务、质量、生产）要不断地提高。但是，所有这一切如果不能保证安全，就绝不可能做好。安全具有压倒一切的优先权。无论是生产还是效益，在任何情况下，一个繁忙的日程绝不能成为忽视安全的理由。

（2）安全人人（层层）有责。每个工人都要对其自身的安全和周围工友的安全负责。每个厂长、车间主任及工段长对其手下职员的安全都负有直接的责任。这种层层有责的责任制在整个机构中必须非常明确。领导一定要多花费一点时间到工作现场，到工人中间去询问、发现和解决安全问题。

提倡互相监督、自我管理的同时，也必须做出组织安排，确保领导和工人在安全方面进行经常性的接触。

（3）不能容忍任何偏离安全制度和规范的行为。杜邦公司的任何一员都必须坚持公司的安全规范，遵守安全制度，这一点是不容置疑的，这是在杜邦公司就业的一个基本条件。如果不这样去做，将受到纪律处罚，甚至解雇，有时即使受伤也不例外。这是对管理者和工人的共同要求。

思考题

1. 如何利用现代管理技术做好企业安全管理工作？
2. 企业应如何做好安全生产标准化与日常安全管理工作之间的融合？
3. 结合企业实际，归纳总结本企业优秀的安全管理理念和经验。
4. 国外先进安全管理理念和经验的共性特点是什么？
5. 结合企业实际，思考如何借鉴国外先进安全管理理念和经验。

第五节　“两重点一重大”安全管理

一、危险化学品危险源辨识与评估

1. 什么是风险？什么是安全风险点？什么是危险源？

根据《企业安全生产标准化基本规范》（GB/T 33000—2016），风险是发生危险事件或有害暴露的可能性，与随之引发的人身伤害、健康损害或财产损失的严重性的组合。在《危险化学品企业安全风险隐患排查治理导则》（应急〔2019〕78号）中明确了风险是某一特定危害事件发生的可能性与其后果严重性的组合。

《危险化学品企业安全风险隐患排查治理导则》规定，安全风险点是指存在安全风险的设施、部位、场所和区域，以及在设施、部位、场所和区域实施的伴随风险的作业活动，或以上两者的组合。

根据《职业健康安全管理体系 要求及使用指南》（GB/T 45001—2020）的定义，危险源是指可能导致伤害和健康损害的来源。其中伤害和健康损害是指对人的生理、心理或认知状况的不利影响，这些不利影响包括职业疾病、不健康和死亡。

危险源包括可能导致伤害或危险状态的来源，或可能因暴露而导致伤害和健康损害的环境。根据危险源在事故发生、发展中的作用，一般把危险源划分为两大类，即第一类危险源和第二类危险源。第一类危险源是指生产过程中存在的，可能发生意外释放的能量（能源或能量载体）或危险物质，第二类危险源是指导致能量或危险物质约束或限制措施破坏或失效的各种因素。第一类危险源决定了事故后果的严重程度，第二类危险源决定了事故发生的可能性。

两类危险源在事故中的作用示意图如图 2-2 所示。

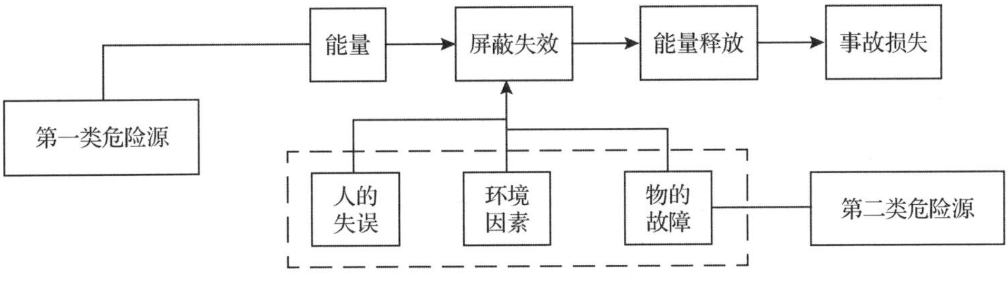

图 2-2　两类危险源在事故中的作用示意图

2. 如何辨识危险源？

对于第一类危险源，应根据存在的危险物质的危险特性及数量确定可能引发事故的严重程度。如汽油具有火灾、爆炸风险，一氧化碳具有有毒、易燃易爆的特点，因此存在汽油和一氧化碳的场所或涉及的活动就成为涉及第一类危险源的风险点。

对于第二类危险源，是指约束第一类危险源的管控措施各种失效的因素，如装载汽油的储罐、输送氯气的管道等，存在储罐破裂、管道泄漏可能带来危险物料发生火灾爆炸、中毒事故，因此，涉及装载汽油的储罐、输送氯气的管道等设备设施是涉及第二类危险源的风险点。

《企业职工伤亡事故分类》（GB 6441—86）综合考虑起因物、引起事故的诱导性原因、致害物、伤害方式等，将危险有害因素分为 20 类。在化工生产过程中涉及到的危险有害因素主要有物体打击、车辆伤害、机械伤害、起重伤害、触电、淹溺、灼烫、火灾、高处坠落、坍塌、锅炉爆炸、容器爆炸、其他爆炸、中毒和窒息以及其他伤害等 15 种。

《生产过程危险和有害因素分类与代码》（GB/T 13861—2022）将生产过程中的危险有害因素分为人的因素、物的因素、管理因素和环境因素四大类。其中人的因素又包括心理、生理性和行为性危险有害因素，如指挥错误（指挥失误、违章指挥、其他指挥错误）、操作错误（误操作、违章作业、其他操作错误）等；物的因素又包括物理性、化学性和生物性危险有害因素，如设备、设施、工具、附件缺陷（强度不够、刚度不够、稳定性差、密封不良、耐腐蚀性差、应力集中、外形缺陷、外露运动件、操纵器缺陷、制动器缺陷、控制器缺陷、设备设施工具附件其他缺陷）、高温物质（高温气体、高温液体、高温固体、其他高温物质）、低温物质（低温气体、低温液体、低温固体、其他低温物质）等；环境因素包括室内作业场所环境不良、室外作业场所环境不良、地下（含水下）作业环境不良和其他作业环境不良等，如室内地面滑、室内作业场所狭窄、室内作业场所杂乱、室内地面不平；管理因素包括职业安全卫生组织架构不健全、职业安全卫生责任制未落实、职业安全卫生管理规章制度不完善、职业安全投入不足、职业健康管理不完善以及其他管理因素缺陷等，如建设项目“三同时”制度未落实、培训制度不完善等。因此，危险源的辨识可以围绕第一类危险源和第二类危险源进行辨识。

危险源的辨识也可以从人的不安全行为、物的不安全状态、管理上的缺陷以及环境上的因素等引发事故发生的原因方面进行辨识。物的因素也可以从物料危险性、工艺过程危险性、设备设施危险性等方面进行识别。

因此，无论采取哪种方式辨识危险源，均应围绕可能存在上述风险的场所、设施、部位或活动进行辨识分析。

3. 危险化学品危险源辨识评估方法有哪些？

《危险化学品企业安全风险隐患排查治理导则》中明确了企业可用于开展风险点、危险源辨识的方法有安全检查表（SCL）、工作危害分析（JHA）、危险和可操作性分析（HAZOP）、故障类型和影响分析（FMEA）等安全风险分析方法，或多种方法的组合。

安全检查表法（SCL）是依据相关的标准、规范，对工程、系统中已知的危险类别、设计缺陷以及与一般工艺设备、操作、管理有关的潜在危险性和有害性进行判别检查，是系统安全工程的一种最基础、最简便、广泛应用的系统危险性评价方法。

简单的安全检查表样式见表 2-12。

表 2-12　　安全检查表样表

序号	危险源	评估依据	评估标准	评估记录	评估结果

工作危害分析法（JHA）主要用于对作业活动各个步骤进行风险分析，明确现有安全管控措施，通过风险评价准则评价采取现有安全管控措施前后的风险等级，同时提出改进措施，以达到控制风险、减少和杜绝事故的目标。

危险与可操作性分析法（HAZOP）通过分析生产运行过程中工艺状态参数的变动，操作控制中可能出现的偏差，以及这些变动与偏差对系统的影响及可能导致的后果，找出出现变动和偏差的原因，明确装置或系统内及生产过程中存在的主要危险、危害因素，并针对变动与偏差的后果提出应采取的措施。

故障类型和影响分析法（FMEA）是根据可以将系统分成子系统、设备或元件这一特点，将系统进行分割，然后逐个分析各自可能发生的故障模式及产生的效应，以便采取相应措施，提高系统的安全性。主要用于设备设施的安全风险分析。

除此之外，还有事故树分析法（ETA）和事件树分析法（FTA）等。

对于涉及“两重点一重大”的生产装置和存储罐区，要求必须采用 HAZOP 法进行分析。

通过对危险源存在的风险开展定量评估，掌握危险源具有的风险大小，对于管控危险源风险、防范事故发生具有重要的意义。

二、“两重点一重大”安全管理

1. 法规标准对重大危险源提出了哪些管理要求？

（1）《安全生产法》对危险化学品重大危险源提出的管理要求有：

生产经营单位对重大危险源应当登记建档，进行定期检测、评估、监控，并制定应急预案，告知从业人员和相关人员在紧急情况下应当采取的应急措施。生产经营单位应当将本单位重大危险源及有关安全措施、应急措施报有关地方人民政府应急管理部门和有关部门备案。

（2）《危险化学品重大危险源监督管理暂行规定》（国家安全生产监管总局令第 40 号）对重大危险源提出的管理要求有：

1）危险化学品单位应当对本单位的危险化学品生产、经营、储存和使用装置、设施或者场所进行重大危险源辨识，并记录辨识过程与结果。

2）危险化学品单位应当建立完善重大危险源安全管理规章制度和安全操作规程，并采取有效措施保证其得到执行。

3）危险化学品单位应当按照国家有关规定，定期对重大危险源的安全设施和安全监测监控系统进行检测、检验，并进行经常性维护、保养，保证重大危险源的安全设施和安全监测监控系统有效、可靠运行。

4）危险化学品单位应当明确重大危险源中关键装置、重点部位的责任人或者责任机构，并对重大危险源的安全生产状况进行定期检查，及时采取措施消除事故隐患。

5）危险化学品单位应当对重大危险源的管理和操作岗位人员进行安全操作技能培训，使其了解重大危险源的危险特性，熟悉重大危险源安全管理规章制度和安全操作规程，掌握本岗位的安全操作技能和应急措施。

6）危险化学品单位应当在重大危险源所在场所设置明显的安全警示标志，写明紧急情况下的应急处置办法。

7）危险化学品单位应当将重大危险源可能发生的事故后果和应急措施等信息，以适当方式告知可能受影响的单位、区域及人员。

8）危险化学品单位应当依法制定重大危险源事故应急预案，建立应急救援组织或者配备应急救援人员，配备必要的防护装备及应急救援器材、设备、物资，并保障其完好和方便使用。

9）危险化学品单位应当制订重大危险源事故应急预案演练计划，并按照下列要求进行事故应急预案演练：对重大危险源专项应急预案，每年至少进行一次；对重大危险源现场处置方案，每半年至少进行一次。

10）危险化学品单位应当根据构成重大危险源的危险化学品种类、数量、生产、使用工艺（方式）或者相关设备、设施等实际情况，按照下列要求建立健全安全监测监控系统，完善控制措施：

①重大危险源配备温度、压力、液位、流量、组分等信息的不间断采集和监测系统以及可燃气体和有毒有害气体泄漏检测报警装置，并具备信息远传、连续记录、事故预警、信息存储等功能；一级或者二级重大危险源，具备紧急停车功能。记录的电子数据的保存时间不少于 30 天。

②重大危险源的化工生产装置装备满足安全生产要求的自动化控制系统；一级或者二级重大危险源，装备紧急停车系统。

③对重大危险源中的毒性气体、剧毒液体和易燃气体等重点设施，设置紧急切断装置；毒性气体的设施，设置泄漏物紧急处置装置。涉及毒性气体、液化气体、剧毒液体的一级或者二级重大危险源，配备独立的安全仪表系统（SIS）。

④重大危险源中储存剧毒物质的场所或者设施，设置视频监控系统。

⑤安全监测监控系统符合国家标准或者行业标准的规定。

11）《危险化学品安全生产风险监测预警系统数据质量管理办法（试行）》规定，所有重大危险源场所的监测监控参数均应接入监测预警系统，并根据预警级别向各级包保负责人发送信息。

（3）《危险化学品企业重大危险源安全包保责任制办法（试行）》对重大危险源的管理要求有：

1）危险化学品企业应当明确本企业每一处重大危险源的主要负责人、技术负责人和操作负责人，从总体管理、技术管理、操作管理三个层面对重大危险源实行安全包保。

2）危险化学品企业应当在重大危险源安全警示标志位置设立公示牌，写明重大危险源的主要负责人、技术负责人、操作负责人姓名、对应的安全包保职责及联系方式，接受员工监督。

3）危险化学品企业应当按照《应急管理部关于全面实施危险化学品企业安全风险研判与承诺公告制度的通知》（应急〔2018〕74 号）有关要求，向社会承诺公告重大危险源安全风险管控情况，在安全承诺公告牌企业承诺内容中增加落实重大危险源安全包保责任的相关内容。

4）危险化学品企业应当建立重大危险源主要负责人、技术负责人、操作负责人的安全包保履职记录，做到可查询、可追溯。

2. 法规标准对重点监管的危险化工工艺提出了哪些管理要求？

（1）《关于加强精细化工反应安全风险评估工作的指导意见》（安监总管三〔2017〕1 号）的要求

1）企业中涉及重点监管危险化工工艺和金属有机物合成反应（包括格氏反应）的间歇和半间歇反应，有以下情形之一的，要开展反应安全风险评估：

①国内首次使用的新工艺、新配方投入工业化生产的以及国外首次引进的新工艺且未进行过反应安全风险评估的。

②现有的工艺路线、工艺参数或装置能力发生变更，且没有反应安全风险评估报告的。

③因反应工艺问题，发生过生产安全事故的。

2）涉及的反应工艺危险度被确定为 2 级及以上的，要根据危险度等级和评估建议，设置相应的安全设施和安全仪表系统；反应工艺危险度被确定为 4 级及以上的，在全面开展过程危险分析（如危险与可操作性分析）的基础上，通过风险分析（如保护层分析）确定安全仪表的安全完整性等级，并依据要求配置安全仪表系统；对于反应工艺危险度被确定为5级的，相关装置应设置在由防爆墙隔离的独立空间中，并设计超压泄爆设施，反应过程中操作人员不应进入隔离区域。

（2）危险化工工艺目录管理的要求。国家安全监管总局以《关于公布首批重点监管的危险化工工艺目录的通知》和《关于公布重点监管危险化工工艺目录和调整首批重点监管危险化工工艺中部分典型工艺的通知》分2批公布了光气及光气化工艺、电解工艺（氯碱）、氯化工艺、硝化工艺、合成氨工艺、裂解（裂化）工艺、氟化工艺、加氢工艺、重氮化工艺、氧化工艺、过氧化工艺、胺基化工艺、磺化工艺、聚合工艺、烷基化工艺以及新型煤化工工艺［煤制油（甲醇制汽油、费-托合成油）、煤制烯烃（甲醇制烯烃）、煤制二甲醚、煤制乙二醇（合成气制乙二醇）、煤制甲烷气（煤气甲烷化）、煤制甲醇、甲醇制醋酸等］、电石生产工艺和偶氮化工艺等共18种重点监管危险化工工艺。同时出台了各危险工艺的安全控制要求、重点监控参数及推荐的控制方案，要求企业对照采用的危险化工工艺及其特点，确定重点监控的工艺参数，装备和完善自动控制系统。同时要求采用危险化工工艺的新建生产装置原则上要由甲级资质化工设计单位进行设计。

如硝化工艺要求重点监控工艺参数有：硝化反应釜内温度、搅拌速率，硝化剂流量，冷却水流量，pH值，硝化产物中杂质含量，精馏分离系统温度，塔釜杂质含量等。安全控制的基本要求是：反应釜温度的报警和联锁，自动进料控制和联锁，紧急冷却系统，搅拌的稳定控制和联锁系统，分离系统温度控制与联锁，塔釜杂质监控系统，安全泄放系统等。宜采用的控制方式是将硝化反应釜内温度与釜内搅拌、硝化剂流量、硝化反应釜夹套冷却水进水阀形成联锁关系，在硝化反应釜处设立紧急停车系统，当硝化反应釜内温度超标或搅拌系统发生故障，能自动报警并自动停止加料。分离系统温度与加热、冷却形成联锁，温度超标时，能停止加热并紧急冷却。硝化反应釜上应设有泄爆管和紧急排放系统。

（3）《危险化学品生产建设项目安全风险防控指南（试行）》对重点监管危险化工工艺的管理要求

1）新建危险化学品生产建设项目采用的生产工艺技术属于国内首次使用的化工工艺，应经过省级人民政府有关部门组织的安全可靠性论证。

2）涉及硝化、氯化、氟化、重氮化、过氧化工艺的精细化工生产建设项目应进行有关产品生产工艺全流程的反应安全风险评估，并对相关原料、中间产品、产品及副产物进行热稳定性测试和蒸馏、干燥、储存等单元操作的风险评估。涉及硝化、氯化、氟化、重氮化、过氧化等高危工艺装置的上下游配套装置应实现原料处理、反应工序、精馏精制和产品储存（包装）等全流程自动化。

3）建设项目应采用成熟可靠的化工工艺，严禁使用国家明令淘汰的落后工艺。

4）实验室技术首次工业化生产的，应在小试、中试、工业化试验基础上，经过工艺危险性分析方能开展工程设计。严禁未经许可以工业化试验装置代替工业化生产装置运行。

5）引进国外成熟生产工艺在国内首次使用的建设项目，需技术转让方或开发方提供在国外已建装置的生产情况说明（包括原料路线、工艺路线、关键设备、安全运行状况等）。

6）应依据《关于公布首批重点监管的危险化工工艺目录的通知》和《关于公布第二批重点监管危险化工工艺目录和调整首批重点监管危险化工工艺中部分典型工艺的通知》，落实重点监管危险化工工艺安全控制、重点监控参数及控制方案的有关设计要求。

三、关键装置、要害部位的风险管控

1. 危险化学品企业的关键装置、重点部位主要有哪些？主要存在哪些风险？

危险化学品企业的关键装置、重点部位主要是指风险较大、能量较为集中、一旦发生事故后果较为严重或对其他装置影响较大的场所或系统以及那些在生产过程中起重要作用的关键设备所在区域。如构成重大危险源的油气罐区、氯乙烯罐区、液氨罐区、液氯仓库、硝酸铵仓库以及气柜区、压缩机厂房、加热炉、高压反应器和涉及危险化工工艺的生产装置等。

各企业应根据自身装置危险特点，确定企业的关键装置和重点部位。

危险化学品企业的关键装置、重点部位主要存在的风险有：

（1）涉及易燃易爆危险化学品储罐区能量集中，发生火灾时容易蔓延，存在引发二次事故的可能；球罐区发生火灾可能会导致容器爆炸，并引发多米诺骨牌效应，加大事故后果。尤其是重大危险源场所，如果管理不到位，在工况异常时，容易引发严重事故。

（2）涉及有毒气体（如氯、氨、氯乙烯）的储罐区发生储罐破裂、气体泄漏事故，有毒气体扩散造成周围人员中毒的风险。

（3）涉及硝酸铵、硝化物等爆炸品的场所因储存、操作不当引发爆炸的风险。

（4）压缩机、加热炉、高压反应器等关键设备一旦出现故障停运，容易造成全系统停产，影响工况稳定的风险，且高压反应器失控，存在容器爆炸的风险。

（5）重点监管的危险化工工艺大多为放热反应，尤其是涉及危险化工工艺的精细化工装置大多存在反应失控时容易引发二次反应，造成温度、压力突变引发严重后果的风险。

（6）在重点部位实施非常规作业可能造成人员伤亡、火灾爆炸、中毒等严重后果的风险。

（7）在重点部位实施液化烃装卸、倒罐、脱水等常规作业，由于人员操作不当可能造成的人员伤亡、火灾爆炸、中毒等严重后果的风险。

2. 危险化学品企业的关键装置、重点部位风险的管控措施主要有哪些？

（1）明确责任、完善制度。对涉及重大危险源场所及涉及危险工艺的生产装置，要制定专项管理制度，明确责任人，对重大危险源要明确包保人。对可能因出现异常工况导致恶性事故发生的装置要建立应急授权机制，果断处理突发事件。要建立包保责任考核制度，定期对关键装置、重点部位风险管控措施及责任人履职情况进行考核。

（2）实现本质安全。对于涉及“两重点一重大”的生产、储存装置和部位配置的设备及安全设施要严格按照设计要求做好“三同时”，配备安全仪表系统，实现参数监测和监控，并在项目建成后保证其投用率和完好率达到100%。对于涉及重点监管危险化工工艺的精细化工装置，在初步设计阶段开展反应风险评估工作，并按照工艺危险度等级配备相应的安全仪表系统。

（3）做好维护保养。对于涉及“两重点一重大”的生产、储存装置和部位配置的设备、安全设施要定期进行维护保养，确保在良好状态下运行。对压力容器、压力管道、安全阀等需定期检测检验的设备设施按要求进行检测。

（4）加强巡检。按照《危险化学品企业安全风险隐患排查治理导则》的要求，对涉及“两重点一重大”的生产、储存装置和部位的操作人员现场巡检间隔不得大于1 h；基层车间（装置）直接管理人员（工艺、设备技术人员），电气、仪表人员每天至少2次对装置现场进行相关专业检查。

（5）安全作业。在涉及“两重点一重大”的场所开展动火、液化烃倒罐、切水、装卸车等高风险作业，要严格按照作业制度，落实监护，安全作业。对流程切换、开停泵、受放料等常规作业活动，要严格按照安全操作规程，精心操作，杜绝违章现象，减少工艺的异常波动。

（6）防腐蚀、防泄漏。危险化学品的泄漏是导致事故发生的根源。生产过程中，要抓好设备设施的防腐蚀、防泄漏工作，定期对可能出现腐蚀减薄的部位进行测厚，做好设备完好性管理。

（7）做好应急管理。要对关键装置、重点部位可能造成的事故、险情后果进行风险预测，评估可能影响的范围，坚决杜绝风险外溢现象。要按照要求编制关键装置、重点部位的现场处置预案，配备应急器材，并保持应急设施的完整、好用，尤其是要防止二次事故、极端天气可能造成的后果扩大现象，防患于未然。

思考题

1. 企业自身的危险化学品关键装置、重点部位都有哪些？采取了哪些管控措施？

2. 如何从提升人员素质、提高本质安全水平、加强安全管理等方面做好对“两重点一重大”的安全管理？

第六节 危险作业安全管理

一、危险作业风险识别

1. 哪些属于危险作业？

根据《危险化学品企业安全风险隐患排查治理导则》，危险作业是指操作过程安全风险较大，容易发生人身伤亡或设备损坏，安全事故后果严重，需要采取特别控制措施的作业。一般包括：

（1）《危险化学品企业特殊作业安全规范》（GB 30871—2022）规定的动火、进入受限空间、盲板抽堵、高处作业、吊装、临时用电、动土、断路等特殊作业。

（2）储罐切水、液化烃充装等危险性较大的作业。

（3）安全风险较大的设备检维修作业。

2. 危险作业过程中存在的主要风险是什么？

（1）特殊作业。特殊作业过程中存在的主要风险包括导致火灾、爆炸、中毒和窒息、触电、物体打击、机械伤害、起重伤害、车辆伤害、高处坠落、灼烫、坍塌、淹溺等事故的风险。

1）动火作业。在存在易燃易爆气体、液体、粉尘等环境下实施动火作业，如果易燃易爆物不能有效隔离，在引入“点火源”后很容易引起燃烧甚至爆炸。对于在已经过气体检测分析合格的场所进行动火作业，也可能会因附着在设备管道内壁的残留物料受热再次产生易燃易爆气体，引发火灾爆炸。

2）受限空间作业。可能存在中毒、缺氧窒息、火灾燃爆及淹溺、高处坠落、触电、物体打击、机械伤害、灼烫、坍塌、高温高湿等各类风险，如人员进入盛装过有毒、可燃物料的受限空间，在置换、吹扫或蒸煮不彻底，残留或逸出有毒、可燃气体时，可能导致人员中毒、火灾爆炸；与受限空间连通的管道未严密封堵，导致可燃、有毒气体窜入受限空间内，带来的作业人员中毒、火灾爆炸；未保持受限空间内空气良好流通而使氧含量未达到合格范围，可能导致的作业人员缺氧窒息等。

3）盲板抽堵作业。最主要的风险是中毒窒息、灼烫（化学灼伤、烫伤或冻伤）、火灾爆炸、物体打击等，其次是机械伤害、起重伤害，根据具体的作业情况，可能的风险还有高处坠落、触电等。

4）高处作业。作业时，如果护栏、围挡等安全措施不到位，作业人员作业时未系安全带或安全带悬挂、使用不当，或在高处行走时失足，都有可能导致人员意外跌落，造成高处坠落事故。

5）吊装作业。吊具或吊物碰撞设备、管道，可能会损坏设备、管道，并导致危险物料泄漏，继而导致人员中毒、化学灼伤、火灾爆炸等事故；靠近高架电力线路进行吊装作业，存在造成人员触电、损坏电力线路、供电线路停电的风险；吊物坠落、物体打击造成人员伤亡的风险；吊装操作人员、指挥人员操作不规范，导致多种起重事故的风险。

6）临时用电作业。可能潜在的风险主要表现在人员触电和火灾爆炸。

7）动土和断路作业。在作业过程中，可能存在的风险主要有火灾、爆炸、触电、人员中毒、坍塌、机械伤害风险。

（2）储罐切水、倒罐及液化烃充装作业。储罐切水、倒罐及液化烃充装作业过程中主要存在火灾、爆炸、人员中毒的风险。

1）作业过程中，操作人员离开现场，在出现险情时不能及时发现和处置，导致后果扩大的风险。

2）作业过程中，缺乏安全监护，在出现险情，作业人员处置不力，导致后果扩大的风险。

3）切水作业过程中，作业人员违章操作，造成冒罐、跑料引起火灾爆炸的风险。

4）物料倒罐过程中，阀门切换错误造成物料倒错储罐带来的风险。

5）液化烃（包括氯、氨）充装作业前检查不到位，作业过程中接口密闭不严、脱开造成物料泄漏带来火灾、爆炸、人员中毒的风险。

（3）安全风险较大的设备检维修作业。对于风险较大的设备检维修作业，可能存在的风险包括：

1）设备清洗置换不到位，残存的物料可能造成的作业人员中毒或物料引起的火灾爆炸风险。

2）设备检维修涉及特殊作业，因安全措施管理不到位带来的风险。

3）关键设备体型较大、现场作业人员较多，可以造成物体打击、机械伤害、高处坠落、触电等各类伤害，造成人员伤亡的风险。

4）精密设备零部件较多，存在因零部件遗失、回装精度不足导致检维修质量差、不能正常运行的风险。

5）对安全附件的检维修，可能存在备用安全附件不能正常投用，带来设备不能安全运行的风险。

6）检维修现场人员较多，组织不合理，可能存在险情出现时群死群伤的风险。

7）检维修现场和生产现场未能合理分隔，造成在出现险情时相互影响的风险。

3. 为什么要加强对特殊作业环节的安全管理？

特殊作业具有作业过程风险大，事故易发、多发的特点，容易导致人身伤亡或设备损坏，造成严重的事故后果。据统计，约有 40%以上的化工生产安全事故与从事特殊作业有关。特殊作业环节已经成为化工企业生产安全事故发生的重灾区。

特殊作业过程涉及电能、热能、化学能、势能等多种能量的产生和积聚，能量的意外释放会导致事故发生，同时特殊作业过程需要作业人员具体实施，人员频发的违章行为加大了特殊作业环节出现事故的风险。特殊作业环节的风险特点决定了化工企业必须加强特殊作业的安全管理，尤其是加强重大危险源场所的特殊作业管理更是企业作业安全管理的重点。

4. 特殊作业过程可能存在哪些事故隐患?

特殊作业过程中可能存在的隐患主要表现在以下几个方面：

（1）对作业场所易燃易爆气体检测不达标即进行动火作业。

（2）实施特殊作业前，未办理作业许可证即开始作业。

（3）在火灾爆炸危险场所作业时使用非防爆工具。

（4）动火作业时因分级不准确而降低审批要求，导致风险管控措施不足。

（5）受限空间作业时因受限空间内易燃易爆、有毒有害气体置换不达标而强行进入作业。

（6）实施特殊作业时，涉及特种作业的人员无证上岗，违章作业。

（7）实施特殊作业时，因缺乏监护人或监护人未履行职责。

（8）实施特殊作业时，采取的各种风险管控措施不到位或缺失。

（9）企业未制定特殊作业安全管理制度，相关人员不清楚自身在特殊作业管理过程中的职责而造成管理真空。

（10）企业特殊作业过程中出现变更或存在关联作业，未按照要求及时办理相关作业许可证造成风险管控措施不足。

《化工和危险化学品生产经营单位重大生产安全事故隐患判定标准（试行）》中将“未按照国家标准制定动火、进入受限空间等特殊作业管理制度，或者制度未有效执行”以及“特种作业人员无证上岗”判定为重大隐患。

二、危险作业环节风险管控

1. 如何管控危险作业安全风险?

对于特殊作业，应该严格执行《危险化学品企业特殊作业安全规范》（GB

30871—2022）的要求，落实风险识别、风险管控，采取作业许可证审批制度和监护人现场监护等措施，从系统隔离、气体分析、票证办理、人员监护、着装规范、工具可靠等方面，强化作业前、作业中和作业后的安全风险管控。主要措施有：

（1）作业前，危险化学品企业应组织作业单位对作业现场和作业过程中可能存在的危险有害因素进行辨识，开展作业危害分析，制定相应的安全风险管控措施。

（2）作业前，危险化学品企业应采取措施对拟作业的设备设施、管线进行处理，确保满足相应作业安全要求。

（3）作业前，危险化学品企业应对参加作业的人员进行安全措施交底，主要包括：

1）作业现场和作业过程中可能存在的危险有害因素及采取的具体安全措施与应急措施。

2）会同作业单位组织作业人员到作业现场，了解和熟悉现场环境，进一步核实安全措施的可靠性，熟悉应急救援器材的位置及分布。

3）涉及断路、动土作业时，应对作业现场的地下隐蔽工程进行交底。

（4）作业前，危险化学品企业应组织作业单位对作业现场及作业涉及的设备、设施、工器具等进行检查，并使之符合如下要求：

1）作业现场消防通道、行车通道应保持畅通，影响作业安全的杂物应清理干净。

2）作业现场的梯子、栏杆、平台、箅子板、盖板等设施应完整、牢固，采用的临时设施应确保安全。

3）作业现场可能危及安全的坑、井、沟、孔洞等应采取有效防护措施，并设警示标志；需要检修的设备上的电器电源应可靠断电，在电源开关处加锁并加挂安全警示牌。

4）作业使用的个体防护器具、消防器材、通信设备、照明设备等应完好。

5）作业时使用的脚手架、起重机械、电气焊（割）用具、手持电动工具等各种工器具符合作业安全要求，超过安全电压的手持式、移动式电动工器具应逐个配置漏电保护器和电源开关。

6）设置符合《安全标志及其使用导则》（GB 2894—2008）的安全警示标志。

7）按照《危险化学品单位应急救援物资配备要求》（GB 30077—2013）要求配备应急设施。

8）腐蚀性介质的作业场所应在现场就近（30 m 内）配备人员应急用冲洗水源。

（5）作业前，危险化学品企业应组织办理作业审批手续，并由相关责任人签字审批。同一作业涉及两种或两种以上特殊作业时，应同时执行各自作业要求，办理相应的作业审批手续。作业时，审批手续应齐全、安全措施应全部落实、作业环境应符合安全要求。

（6）同一作业区域应减少、控制多工种、多层次交叉作业，最大限度避免交叉作业；交叉作业应由危险化学品企业指定专人统一协调管理，作业前要组织开展交叉作业风险辨识，采取可靠的保护措施，并保持作业之间信息畅通，确保作业安全。

（7）当生产装置或作业现场出现异常，可能危及作业人员安全时，作业人员应立即停止作业，迅速撤离，并及时通知相关单位及人员。

（8）特殊作业涉及的特种作业和特种设备作业人员应取得相应资格证书，持证上岗。界定为《职业禁忌证界定导则》（GBZ/T 260—2014）中规定的职业禁忌证者不应参与相应作业。

（9）作业期间应设监护人。监护人应经专项培训考试合格，佩戴明显标志，持培训合格证上岗。

（10）作业审批人应在作业现场完成审批工作。

（11）作业完毕，应及时恢复作业时拆移的盖板、箅子板、扶手、栏杆、防护罩等安全设施的使用功能，恢复临时封闭的沟渠或地井，并清理作业现场，恢复原状。

（12）作业完毕，应及时进行验收确认。

（13）作业内容变更、作业范围扩大、作业地点转移或超过安全作业许可证有效期限时，应重新办理安全作业许可证；工艺条件、作业条件、作业方式或作业环境改变时，应重新进行作业危害分析，核对风险管控措施，重新办理安全作业许可证。

对于储罐切水、液化烃充装、倒罐等危险性较大的作业应采取一人作业、一人监护的方式，严格执行安全操作规程，杜绝违章作业，落实监护人制度来管控风险。

对于安全风险较大的设备检维修作业，应通过编制检维修方案，落实作业人员安全职责并加强与工艺操作人员的配合，做好能量隔离，以确保作业安全。

2. 企业安全生产管理人员应如何做好特殊作业安全管理?

（1）抓好制度建设。安全管理部门和人员要督促有关部门建立适合于企业自身实际的特殊作业安全管理制度，对特殊作业的管理要求不能低于国家标准《危险化学品企业特殊作业安全规范》（GB 30871—2022）的要求，也不能简单照搬其内容。

（2）抓好承包商管理。安全管理人员要督促有关部门做好涉及特殊作业的承包商（含从事特殊作业的企业自身员工）的管理，确保承包商能始终保持良好业绩，不出现违章现象。

（3）抓好票证管理。安全管理人员要督促作业单位严格执行企业的特殊作业管理制度，做好作业审批，核查安全措施到位情况，重点关注动火、进入受限空间作业以及作业等级升级的情况。

（4）抓好现场违章行为的查处管理。安全管理人员要围绕系统隔离情况、人员持证上岗情况、作业器具使用情况、应急器材配备情况、人员监护情况、作业人员遵章情况等开展现场检查，对发现的违章作业现象及时予以查处。

（5）做好特殊作业的事后管理。安全管理人员要参与对企业开展特殊作业的情况进行分析统计，总结特殊作业管理过程中存在的问题和不足，协调设备维护管理人员共同抓好设备的维护保养工作，在火灾爆炸区域尽量不动火或少动火，在改进特殊作业管理方面提出建议，并对参与作业的承包商做出绩效评价。

思考题

1. 如何做好在火灾爆炸危险场所尽量不动火或少动火？
2. 安全管理人员应如何督促基层人员落实特殊作业管理制度？
3. 安全管理人员如何通过对承包商的管理实现特殊作业过程的安全？

第七节　变 更 管 理

一、变更管理的定义及分类

1. 变更管理的定义是什么？

化工企业变更是指企业内任何与化工过程相关的改造、停用、拆除或非同类替换的改变，以及对经过评审的管理方式和人员情况等进行的调整。包括企业在工艺、设备、仪表、电气、公用工程、备件、材料、化学品、生产组织方式和人员、组织机构等方面进行的改变。

化工企业的变更管理是指通过风险识别和分析，对变更进行有计划的风险控制和管理，从而避免由于变更对安全生产、职业健康和环境保护造成的不利影响和带来安全风险。

2. 变更是如何进行分类的？

（1）按专业可将变更分为工艺技术变更、设备设施变更和管理变更，也可以进一步细分为总图变更、工艺技术变更、设备设施变更、仪表系统变更、公用工程变更、管理程序和制度变更、企业组织架构变更、生产组织方式变更、重要岗位的人员和职责变更、供应商变更、外部条件变更等。

（2）按变更期限，可将变更分为永久性变更和临时性变更。

（3）按照变更流程，可将变更分为常规变更和紧急变更。

（4）按照变更带来的风险大小，可将变更区分为一般变更和重要变更。

3. 变更管理的目的和作用是什么？

变更管理的目的是对化学品、工艺技术、设备设施、程序以及操作过程等永久性或暂时性的变更进行有计划的规范控制，消除或减少由于变更而引起的潜在事故隐患，确保人身、财产安全，不破坏环境，不损害企业的声誉。具体可以实现以下作用：

（1）控制已经做过风险分析的系统实施的变更。

（2）明确变更管理过程中的责任。

（3）通知变更可能会影响到的相关人员。

（4）保证变更时的风险识别与评价。

（5）保证资料及时更新。

二、变更管理实施要求

1. 变更管理的程序是什么？

变更管理程序包括变更申请、变更风险评估及制定管控措施、变更审批、变更实施和相关方培训（告知）、变更验收、资料归档、变更关闭。企业可根据变更的期限和风险大小，制定变更的分级标准，明确不同等级变更对应的审批程序。

（1）变更申请

1）企业应对需求单位提出的变更进行必要性评估，确认变更的必要性。

2）变更需求单位应提交变更申请表，写明申请变更的原因、目的、变更类别、潜在风险及控制措施、预计实施时间、变更内容及实施方案、变更涉及的相关方、变更后预期达到的效果、需更新的文件资料等。

（2）变更风险评估

1）应采用合适的危险辨识和风险评估方法开展变更风险评估，包括对变更实施过程中的风险以及变更实施后可能带来的新风险进行评估并制定管控措施。

2）参与变更风险评估的人员应包含变更涉及的所有专业人员，评估人员应具备相应的风险评估能力和工作经验。必要时邀请外部专家参与风险评估工作。

（3）变更的审批

1）变更申请表及风险评估材料应按照管理制度要求，上报相应部门及负责人审批。

2）审批人应审查变更流程与管理制度的符合性、变更的风险评估的准确性以及措施的有效性。

3）应严格依据批准后的变更方案实施变更，对变更方案作出的任何改变应重新执行变更程序。

（4）变更的实施

1）变更应严格按照变更审批确定的内容和范围实施，实施过程中应严格落实风险控制措施。

2）应确保变更涉及的所有相关资料以及安全操作规程都得到适当的审查、修改、更新和归档。

3）应对变更可能受影响的本企业人员、承包商、供应商、外来人员进行相应的培训和告知，培训内容应包括变更目的、作用、变更内容及操作方法、变更中可能的风险和影响、风险的管控措施、同类事故案例等。

（5）变更的验收与关闭

1）企业应在变更投用验收条件时及时完成验收工作，验收包括对变更与预期效果符合性的评估。

2）企业应建立变更管理档案，档案至少应包括变更申请审批表、风险评估记录、变更实施的相关资料、变更关闭确认记录、其他与变更相关的文件资料等。

2. 如何做好变更风险评估和管理？

变更管理的主要工作是管控各类变更带来的风险。对每个变更都要由变更管理的责任部门指定具有相应能力的管理人员，组织有关人员进行变更风险识别和分析，要充分利用预先危险性分析（PHA）、危险与可操作性分析（HAZOP）、假设法（what-if）、蝴蝶结法（bow-tie）、事件树分析法（ETA）等风险分析方法，对所要进行的变更进行系统的风险识别和分析，针对变更可能带来的风险制定有效的管控措施，形成变更实施方案，按程序报备或报批。对于可能带来重大风险的变更实施方案，还要组织专家论证和按规定程序报批。

变更风险评估要特别注意以下几点：

（1）变更风险评估应从变更带来的潜在后果严重性和引发后果的可能因素两个方面开展：

1）后果的严重性应至少从以下 3 个因素进行评估：变更后系统中危险物质数量和危害特性的变化；变更后系统最严苛工艺条件的运行状况；变更后对整个系统、上下游工艺单元及相关设备设施运行的影响。

2）导致后果的可能因素至少从以下两个方面进行评估：变更是否增加了设备或系统的故障模式或故障点；变更是否破坏了原有保护层。

（2）精细化工企业涉及重点监管危险化工工艺和金属有机物合成反应（包括格氏反应）、采用间歇和半间歇反应的，在发生生产工艺变化、物料变化、操作方式、装置能力变化等变更的，需重新开展精细化工反应安全风险评估、确定危险度等级并采取有效管控措施。

（3）涉及安全仪表系统的联锁逻辑设定、硬件变更，应对该安全仪表回路的功能重新开展完整性评估。

（4）对于机构、职责、人员等管理方面的变更，应分析变更后是否造成管理责任的缺失和人员能力不足带来的风险。

（5）变更风险评估团队应包含变更涉及的所有专业，评估人员应具备一定风险评估力和工作经验。确保充分识别变更所带来的危害，充分评估风险，制定有效的风险控制措施，以及决策该变更的可行性。

3. 企业应重点关注哪些方面的变更？

对于一个化工企业，主要基于风险原则确定需要重点关注的变更。

（1）总图变更。建成区域内布置任何新的设备设施或建（构）物，都要考虑周边防火距离、防火防爆分区、消防和紧急撤离通道、检维修场所等方面带来的风险变化。

（2）工艺技术变更。主要包括技术路线、工艺流程、操作条件、操作规程、操作程序（包括进料顺序）、控制回路、控制参数（包括报警参数）、联锁值改变或联锁摘除、原辅材料（包括助剂、添加剂、催化剂以及供应商等）、流程介质（包括组分），装置扩能、公用工程（水、电、气、风等）等方面的改变。

（3）设备设施变更。主要包括设备设施的更新改造，非同类替换（包括型号、材质、安全设施、设备运行参数和供应商的改变），设备设施布局改变，备品备件、材料材质以及供应商的改变，基本控制仪表的改变，安全仪表（包括有毒可燃气体泄漏报警）改变，装置优化控制软件改变，电气设备的改变，增加临时的电气设备等。

（4）组织管理变更。主要包括企业内管理机构、管理职责、管理制度和标准、生产组织方式等方面的改变。

组织管理变更的风险主要靠企业组织有关部门参与专门论证和广泛征求意见识别和防范。要特别注意的是组织管理变更的风险具有延迟性，组织管理变更对安全生产影响的显现可能有一个过程。

（5）重大人员变更。主要包括企业主要负责人，生产、工艺、设备、安全分管负责人，重要生产管理部门和生产装置主要负责人，重要技术管理骨干和重要岗位操作人员的变化。重大人员变更的风险可以通过加强日常培训、重要岗位岗前培训和上岗考核控制或化解。

（6）承包商、供应商变更。长期合作的承包商、供应商熟悉企业的安全要求和安全需求，改变承包商和供应商需要纳入变更管理。变更承包商要严格按照承包商管理的要求对其进行安全教育和培训；变更供应商时，要向新的供应商详细介绍企业采购设备设施、备品备件和原辅材料的用途规格、技术要求，以及设备设施、备品备件和原辅材料的安全生产作用，提示承包商必须严格按照合同要求供货。变更供货商后的一段时间内，化工企业要加强设备设施、备品备件和原辅材料的入厂核验工作。

需要特别强调的是，化工企业到底应重点关注的变更，可能不仅限于以上几个方面，需要企业依据实际，基于风险考虑，根据行业的事故教训和管理经验以及企业自身的管理经验，规定必须纳入重点管理的变更清单。

思考题

1. 化工企业应如何做好变更管理？
2. 安全管理人员应如何做好变更的风险分析工作？

第八节 安全生产教育和培训管理

一、法律法规和相关文件对企业安全生产教育和培训的要求

1.《安全生产法》对从业人员教育培训有哪些要求？

《安全生产法》第二十七条规定，生产经营单位的主要负责人和安全生产管理人员必须具备与本单位所从事的生产经营活动相应的安全生产知识和管理能力。危险物品的生产、经营、储存、装卸单位以及运输单位的主要负责人和安全生产管理人员，应当由主管的负有安全生产监督管理职责的部门对其安全生产知识和管理能力考核合格。

第二十八条规定，生产经营单位应当对从业人员进行安全生产教育和培训，保证从业人员具备必要的安全生产知识，熟悉有关的安全生产规章制度和安全操作规程，掌握本岗位的安全操作技能，了解事故应急处理措施，知悉自身在安全生产方面的权利和义务。未经安全生产教育和培训合格的从业人员，不得上岗作业。生产经营单位使用被派遣劳动者的，应当将被派遣劳动者纳入本单位从业人员统一管理，对被派遣劳动者进行岗位安全操作规程和安全操作技能的教育和培训。生产经营单位接收中等职业学校、高等学校学生实习的，应当对实习学生进

行相应的安全生产教育和培训，提供必要的劳动防护用品。生产经营单位应当建立安全生产教育和培训档案，如实记录安全生产教育和培训的时间、内容、参加人员以及考核结果等情况。

第二十九条规定，生产经营单位采用新工艺、新技术、新材料或者使用新设备，必须了解、掌握其安全技术特性，采取有效的安全防护措施，并对从业人员进行专门的安全生产教育和培训。

第三十条规定，生产经营单位的特种作业人员必须按照国家有关规定经专门的安全作业培训，取得相应资格，方可上岗作业。

2.《生产经营单位安全培训规定》对从业人员教育培训有哪些要求?

根据《生产经营单位安全培训规定》，从业人员是指生产经营单位的全体人员，包括主要负责人、安全生产管理人员、特种作业人员和其他从业人员。

（1）主要负责人、安全生产管理人员的培训要求。主要负责人、安全生产管理人员自任职之日起 6 个月内，必须经应急管理部门对其安全生产知识和管理能力考核合格。初次安全培训时间不得少于 48 学时，每年再培训时间不得少于 16 学时。

（2）特种作业人员培训要求。从事特殊作业、危险化工工艺、生产装置操作岗位的特种作业人员，应当接受与其所从事的特种作业相应的安全技术理论培训和实际操作培训，取得相应工种的特种作业人员资格证书。特种作业人员初训 72 学时，复审培训不少于 8 学时。离开特种作业岗位 6 个月以上的特种作业人员，应当重新进行实际操作考试，经确认合格后方可上岗作业。

已经取得职业高中、技工学校及中专以上学历的毕业生从事与其所学专业相应的特种作业，持学历证明经考核发证机关同意，可以免予相关专业的培训。跨省、自治区、直辖市从业的特种作业人员，可以在户籍所在地或者从业所在地参加培训。

（3）其他从业人员的培训要求

1）新上岗从业人员的培训要求。新上岗的临时工、合同工、劳务工、轮换工、协议工等要进行强制性安全培训，保证其具备本岗位安全操作、自救互救以及应急处置所需的知识和技能后，方能安排上岗作业。新上岗的从业人员安全培训时间不得少于 72 学时，每年接受再培训的时间不得少于 20 学时。

2）从业人员重新培训的要求。从业人员在本企业内调整工作岗位或离岗 1 年以上重新上岗时，应当重新接受车间（工段、区、队）和班组级的安全培训。

化工（危险化学品）企业实施新工艺、新技术或者使用新设备、新材料时，或者实施工艺技术变更、设备设施变更后，应当对有关从业人员重新进行有针对性的安全培训。

3）专职应急救援人员培训要求。专职应急救援人员应按照有关规定，经专门应急救援培训，考核合格后，方可上岗，并定期参加复训。

（4）承包商相关人员的培训要求。承包商相关人员应接受化工（危险化学品）企业的入厂安全教育及作业场所安全培训并经考试合格。安全教育培训记录由双方签字后备案。

3.《工伤预防五年行动计划（2021—2025 年）》对企业安全生产教育和培训有哪些要求?

由人力资源和社会保障部、工业和信息化部、财政部、住房和城乡建设部、交通运输部、国家卫生健康委员会、应急管理部、中华全国总工会等联合印发的《工伤预防五年行动计划（2021—2025 年）》要求，要深入推进工伤预防培训，实施重点行业重点企业工伤预防（安全生产、职业病防治）能力提升培训工程，重点培训重点行业、重点企业分管负责人、安全管理部门主要负责人和一线班组长等重点岗位人员。2025 年底前实现上述人员培训全覆盖。鼓励采取线上培训和线下培训相结合方式，更加注重发挥线上培训的作用。充分发挥信息化、大数据、人工智能在工伤预防方面的作用，一体化推进工伤预防信息共享、在线培训、考核评估，普及工伤预防科学知识、宣传工伤预防政策、开展工伤预防线上培训、强化工伤事故警示教育。

二、现代教育培训常用方法

1. 如何运用讲授法组织培训教学?

讲授法是指培训师通过语言直接向学员系统连贯地传授知识的方法。讲授法可以向学员描绘情境、叙述事实、解释概念、论证原理、阐明规律等，是应用最广的教学方法，其他教学方法的运用几乎都要同讲授法结合进行。讲授法根据讲授的技巧一般可以分为讲述、讲解、讲读、讲演和讲评等几种形式。

讲授法的应用要领是：

（1）充分准备讲授内容。讲授内容要具有科学性和思想性。无论是描绘情境、叙述事实，还是阐述概念、论证原理，都应当准确无误、翔实可靠、逻辑严密。

（2）恰当使用教学语言。讲授对教学语言具有较高要求，要注意吐字清晰、音调适中、速度及轻重音适宜。

（3）充分贯彻启发式原则。讲授内容要具有渐进性和扼要性，应根据教学内容的内在联系由浅入深、从简至繁、循序渐进。

（4）结合其他教学方法。讲授法应与其他教学方法交互作用，不拘一格，使讲授内容形象化、具体化，以帮助学员加深对讲授内容的理解。

2. 如何运用案例分析法组织培训教学？

案例分析法是指培训师根据教学目标的要求主导学员对案例进行阅读、思考、分析讨论和交流，促使原理与实践相结合的一种互动式教学活动。案例分析法是以案例分析为教学基础、以培养学员实践能力为核心的教学法。

在教学准备阶段，培训师需要根据培训的目标和主题收集相关资料，挑选合适的案例并充分了解案例的相关背景，在此基础上设计问题。注意案例讨论的问题应与培训目标一致，不能有明显的倾向性结论，需要学员通过分析和讨论过程得出结论。案例讨论阶段是案例教学的核心阶段，培训师应少讲多“点”（点拨），鼓励学员多“说”，积极引导学员参与到教学中来，让学员自己思考如何运用所学知识恰当解决案例中的问题。讨论可以由学员分组进行，形成小组研讨成果。

案例点评是对各讨论小组分析结果的总体评价，应遵循“事实归纳—知识关系分析—争议的核心问题—涉及的理论知识—结论”步骤，对关键点和疑难点清晰地陈述说明，不能留有歧义；对于无准确的结论性问题，点评时要说明原因；

优秀的点评应具备独创性的见解。

3. 如何运用任务驱动法组织培训教学？

任务驱动法是指将教学目标与课程内容隐含在一个或几个有代表性的任务中，以学员完成任务作为教学活动的重心，有选择性地使用一种重在培养学员综合职业能力的教学方法。学员在完成任务的动机驱使下，通过对任务进行分析、讨论，明确它大体涉及的知识以及需要解决的问题，在培训师的指导与帮助下通过对学习资料的主动应用，在自主探索和互动协作的学习过程中找出完成任务的方法，最后通过任务的完成实现教学目标。

任务驱动法的实施步骤包括任务设计、任务执行、任务展示和评价总结。

任务驱动教学活动以小组合作探讨的方式进行，确保学员都能积极参与到课堂问题的探讨中。通过任务展示，组织学员交流，促使学员学习他人经验，发现不足，反思并改进。

4. 如何做好企业员工的安全教育培训工作？

（1）加强法治意识、安全意识和职业素养教育。《安全生产法》第六条规定，生产经营单位的从业人员有依法获得安全生产保障的权利，并应当依法履行安全生产方面的义务。第五十七条规定，从业人员在作业过程中，应当严格落实岗位安全责任，遵守本单位的安全生产规章制度和安全操作规程，服从管理，正确佩戴和使用劳动防护用品。化工企业屡见不鲜的“违反操作规程、违反劳动纪律”行为也是一种违法行为，由此导致安全生产事故，有关操作人员是要负法律责任的。要通过教育培训增强操作人员的法治意识和安全意识。

化工是高危行业，涉及危险化学品易燃易爆易中毒的固有风险、高温高压真空低温的工艺风险、受限空间和动火等特殊作业风险等等，如果不严格遵守企业操作规程和安全生产规章制度，非常容易导致安全生产事故，不仅自己会受到伤害，还会被追究刑事责任。要对化工从业人员特别是化工操作人员进行职业素养教育，一方面宣传化工行业要建立良好的安全意识、具备良好技术素质，严格执行行业和企业有关操作规程和安全管理规定；另一方面充分认识到化工高危行业的特点，要求从业人员必须自觉认同企业的各项管理要求，工作必须严谨、认真、一丝不苟。

（2）注重安全生产教育培训工作的针对性。要做好培训需求调查，要厘清培训需求问题清单、能力差距，确定培训需要解决的问题，制定培训目标。要结合企业特点和各岗位的实际，本着“干什么、学什么，缺什么、补什么”的原则，对一线操作工人进行应知应会和安全操作技能培训。针对重点岗位要进行重点培训，使每一个员工具备应对突发事故的能力。

（3）创新培训方法。传统的培训通常以说教形式出现，培训方式单调，学员往往提不起学习兴趣。如何使学员实现从“要我学”到“我要学”的转变，培训方法的创新至关重要。要摒弃传统的单向沟通讲授方式，采用以学员为主体、教师为主导的培训方式，注重学员参与度。要把案例教学法、任务驱动法等现代教学方法融入培训中，使学员的学习主体地位得到充分尊重，并产生出强烈的解决问题的驱动力，实现学习态度由“要我学”向“我要学”的转变，进而提升学员参与培训的积极性。

（4）建立培训体系运行机制。以岗位培训需求矩阵为依据，逐步形成考、培、练一体化标准体系和运行机制，实现考、培、练内容统一化，日常培训个性化，岗位练兵制度化，考核评价科学化。

（5）完善培训激励机制，建立长效的考核激励机制，充分调动员工的积极性，使员工从“要我培训”向“我要培训”转变。特别要注重对学习成果转化和绩效改善的激励。

三、企业安全培训空间建设及应用

1. 安全培训空间由哪些部分构成？

根据《危险化学品企业安全培训空间建设应用指南（试行）》（应急危化二〔2021〕1号），安全培训空间由线下培训物理空间、线上学习网络空间和培训信息管理空间构成，是支撑企业线上线下融合培训和培训数字化管理的综合性载体。

2. 线下培训物理空间建设的要求是什么？

线下培训物理空间是指场所相对固定和独立、满足30人以上集中学习、教学设施齐全的培训教室，并具备多媒体教学、线上直播集中学习、在线互动交流、视频监控等条件，用于开展集中学习研讨。规模以上危险化学品企业建设物理培训空间除满足以上基本要求外，有条件的还可选配以下设施：

（1）安全文化认知区，重点展示安全承诺、安全理念、安全风险分布四色图、危险化学品“一书一签”等。

（2）事故警示教育区，重点模拟展示国内外重特大事故案例及本企业发生的事故及未遂事件。

（3）设备安全认知区，重点展示常用的化工安全设施、安全仪表的内部结构、工作原理、正确使用及维护方法等。

（4）消防安全认知区，重点展示常用消防器材、喷淋装置、警铃等消防设备设施的使用维护方法。

（5）应急认知区，重点展示呼吸器、防化服等个体防护装备和常用救援器材的使用、检查和维护方法。

（6）工艺仿真区，重点模拟企业工艺设备、生产流程、工艺参数、联锁数值等。

（7）操作培训区，重点展示常见高风险作业安全实操设备。

线下培训物理空间可利用企业现有会议室等场所改建或新建，建筑物防火、安全距离、逃生通道和出口、疏散指示标志等需符合有关标准规范要求。

3. 线上学习网络空间的建设要求是什么？

（1）线上学习平台功能要求

1）支持用户实名注册或企业培训管理员批量导入学员实名制信息，支持短信随机码、密码、人脸识别等至少一种方式验证身份。

2）支持电脑端、移动端（含不同操作系统）学习，不同终端的学习进度、学时等可实时同步。

3）具有人脸识别、学习图像抓拍等防替学、防挂课功能，禁止同一账户多终端登录、同一终端多账户登录和同一账户同时学习多个课程。

4）具有课程浏览和选择、在线学习考试、错题反馈、在线补考、网上答疑、学习记录、课程评价等功能。

5）具有支持培训师开发课程、题库等的教学辅助功能，支持不同种类培训数字资源高效上传、自动分类、修改、检索及管理。

6）具有企业培训管理员对学员、培训计划、考试测评、培训档案、培训师、培训资源等进行有效管理的功能。

（2）线上学习资源配置基本要求

1）线上学习资源需符合法律法规和培训考试大纲等规定，根据企业实际情况、培训对象、培训目标等进行针对性开发，从政治性、合规性、完整性、针对性等角度审核后发布，并及时更新。

2）每个课程应有课程名称、主讲老师、重点内容、培训时长等的简要介绍，科学编号，方便检索。

3）每个课程应配套测试试题，学习结束后进行在线测评。

4）线上学习时长可累积计算，满 45 分钟计为 1 学时。

5）相同的内容宜配置不同的培训师讲授，供学员选择，支持学员评价课程质量，引导优胜劣汰。

6）企业可结合实际编制安全培训矩阵，分级分类建立不同岗位的个性化安全培训课程体系。

7）可配套法律法规、事故案例、培训课件、测评试题、数字图书等辅助培训资源。

（3）线上学习平台和资源建设要求

1）危险化学品企业可自主开发或利用现有的线上学习平台和培训资源，也可以委托专业机构提供有关服务。

2）提供专业服务的机构应具有良好信誉、健全管理制度、高质量培训资源和平台建设、教学管理、课程研发、运营服务、安全防护等能力，能够及时解决平台运行维护中的问题。

3）由专业机构提供线上学习平台和资源的，除通用课程等资源外，应根据企业实际和工艺特点开发个性化培训课程等资源，并逐步将比例提升到 30% 以上。

4. 培训信息管理空间的建设要求是什么？

（1）满足个人培训档案管理的要求。包括对学员学习记录、培训资源、通知公告、培训凭证等进行管理。

（2）满足培训信息管理的要求。依托线上学习平台或企业其他信息管理系统，建立以企业统一社会信用代码为基础的安全培训综合信息数据库，全面记录企业员工培训及考试测评、培训数字资源及使用评价、培训师资及其授课评价等信息。

（3）满足培训信息上传和政府管理监督的要求。通过数据接口或者文件传输方式，及时将企业职工安全培训综合信息档案上传至属地应急管理部门，满足监管执法的要求。

5. 企业应如何运用好安全培训空间？

（1）危险化学品企业应认真履行安全培训主体责任，建立完善培训管理制度，明确责任机构和人员，按规定足额提取培训经费，充分利用培训空间，推动全员安全培训落地见效。

（2）规模以上危险化学品企业应自主建设培训空间，中小企业可使用其他企业或专业服务机构提供的培训空间，逐步实现“企企有空间、人人用空间”。

（3）企业可建立内训师培养机制，推动内部安全管理员、技术或技能人员成为内训师，通过组织试讲、竞赛、交流、培训等形式提高内训师能力，逐步实现企业在岗培训以内训师承担为主。

（4）企业应利用培训空间，加强员工安全技术技能考核评价。定期统计通报培训学习情况和考试测评结果。

（5）企业或有关专业机构应制定规章制度，完善工作流程，明确专人负责培训空间管理运维，及时处理各类故障，保障空间正常运行。

思考题

1. 专职安全生产管理人员如何做好重点岗位人员能力提升？
2. 专职安全生产管理人员在提高培训质量工作中应发挥哪些作用？
3. 如何利用安全培训空间开展线上线下融合的培训？
4. 如何确保安全培训空间的有效应用？

第三章
安全生产技术

第一节　危险化学品安全基础知识

1. 什么是危险化学品？危险化学品是如何分类的？

根据《危险化学品安全管理条例》，危险化学品是指具有毒害、腐蚀、爆炸、燃烧、助燃等性质，对人体、设施、环境具有危害的剧毒化学品和其他化学品。

《化学品分类和标签规范》（GB 30000.2~30000.29—2013）将化学品危险性分为 28 类 95 个类别。以此为基础，《危险化学品目录（2015 版）》选取了 28 类中危险性较大的 81 个类别作为危险化学品。

28 类危险化学品分为理化危险性类别、健康危险性类别和环境危险性类别。属于理化危害类别的有爆炸物、易燃气体、气溶胶、氧化性气体、加压气体、易燃液体、易燃固体、自反应物质和混合物、自燃液体、自燃固体、自热物质和混合物、遇水放出易燃气体的物质和混合物、氧化性液体、氧化性固体、有机过氧化物、金属腐蚀物 16 个；属于健康危害类别的有急性毒性、皮肤腐蚀/刺激、严重眼损伤/眼刺激、呼吸道或皮肤致敏、生殖细胞致突变性、致癌性、生殖毒性、特异性靶器官毒性——一次接触、特异性靶器官毒性—反复接触和吸入危害 10 个；环境危害类别有危害水生环境和危害臭氧层 2 个。

（1）爆炸物是指能通过化学反应在内部产生一定速度、一定温度与压力的气体，且对周围环境具有破坏作用的一种固体或液体物质（或其混合物）。

（2）易燃气体是指在 20 ℃和标准压力（101.3 kPa）条件下与空气混合有一定易燃范围的气体。化学不稳定气体是指在没有空气或氧气时也能极为迅速地反应的易燃气体，如乙炔、丙二烯等。

（3）气溶胶（气雾剂）是指喷雾器内装压缩、液化或加压溶解的气体，并配有释放装置以便于气体喷射出来，形成悬浮的固态或液态微粒或形成泡沫、膏剂、粉末。

（4）氧化性气体是指采用《化学品危险性分类试验方法 气体和气体混合物燃烧潜力和氧化能力》（GB/T 27862—2011）规定方法确定的氧化能力大于 23.5%的纯净气体或气体混合物。

（5）加压气体是指在 20 ℃、压力不低于 200 kPa（G）下装入储器的气体或液化气体、冷冻液化气体。加压气体包括压缩气体、液化气体、溶解气体、冷冻液化气体。

（6）根据《化学品分类和标签规范　第 7 部分：易燃液体》（GB 30000.7—2013），易燃液体是指闪点不高于 93 ℃的液体。

（7）易燃固体指容易燃烧的或可通过摩擦引起或促进着火的固体。其与点火源（如着火的火柴）短暂接触容易点燃且火焰迅速蔓延。

（8）自反应物质和混合物是指即使没有氧气（空气）也容易发生激烈放热分解的热不稳定液态、固态物质或者混合物。

（9）自燃液体是指即使数量小也能在与空气接触 5 min 内着火的液体，如三溴化三甲基二铝、二甲基锌、二氯化乙基铝、三异丁基铝等。

（10）自燃固体是指即使数量小也能在与空气接触 5 min 内着火的固体，如白磷、二苯基镁、二甲基镁、金属锶等。

（11）自热物质和混合物是指除自燃液体或自燃固体外，在空气中不需要能量供应就能够自热的固态、液态物质或混合物，如甲醇钾、连二亚硫酸钠和金属钙粉等。

（12）遇水放出易燃气体的物质和混合物是指在环境温度下，通过与水作用，容易具有自燃性或放出危险数量的易燃气体的固态或液态物质和混合物。

（13）氧化性液体是指本身未必可燃，但通常会放出氧气可能引起或促使其他物质燃烧的液体。

（14）氧化性固体是指本身未必可燃，但通常会放出氧气引起或促使其他物质燃烧的固体。

（15）有机过氧化物是指可发生放热自加速分解、热不稳定的物质或混合物，具有下列性质一种或多种：易于爆炸分解、迅速燃烧、对撞击或摩擦敏感及与其他物质发生危险反应。

（16）金属腐蚀物是指通过化学作用会显著损伤甚至毁坏金属的物质或混合物。

（17）急性毒性是指经口或经皮肤给予物质的单次剂量或在 24 h 内给予的多次剂量，或者 4 h 吸入接触发生的急性有害影响。

（18）皮肤腐蚀是指对皮肤能造成不可逆损害的结果，即施用试验物质 4 h 内，可观察到表皮和真皮坏死。典型的腐蚀反应具有溃疡、出血、血痂的特征，而且在 14 天观察期结束时，皮肤、完全脱发区域和结痂处由于漂白而褪色。

（19）严重眼损伤是指将受试物施用于眼睛前部表面进行暴露接触，引起了眼部组织损伤，或出现严重的视觉衰退，且在暴露后的 21 天内尚不能完全恢复。眼刺激是指将受试物滴入眼内表面，眼睛产生变化，但在 21 天内可完全恢复。

（20）呼吸道致敏物是指吸入后会导致呼吸道过敏的物质。皮肤致敏物是指皮肤接触后会导致过敏的物质。

（21）细胞中遗传物质的数量或结构发生的永久性改变称为突变。生殖细胞致突变性是指化学品引起人类生殖细胞发生可遗传给后代的突变。

（22）致癌性是指能导致癌症或增加癌症发病率的物质或混合物，分为已知或假定的人类致癌物和可疑的人类致癌物两类。

（23）生殖毒性是指对成年雄性和雌性的性功能和生育能力的有害影响，以及对子代的发育毒性。

（24）特异性靶器官毒性——一次接触是指一次接触物质和混合物引起的特异性、非致死性靶器官毒性作用，包括所有明显的健康效应，可逆的和不可逆的、即时的和迟发的功能损害。

（25）特异性靶器官毒性—反复接触是指反复接触物质和混合物引起的特异性、非致死性的靶器官毒性作用，包括所有明显的健康效应，可逆的和不可逆的、即时的和迟发的功能损害。

（26）吸入危害是指液态或固态化学品通过口腔或鼻腔直接进入或者因呕吐间接进入气管和下呼吸道系统。

（27）对水生环境的危害

1）急性水生毒性。可对水中短期接触该物质的生物体造成伤害，是物质本身的性质。

2）急性（短期）危害。化学品的急性毒性对在水中短时间暴露的水生生物造成的危害。

3）慢性水生毒性。可对水中接触该物质的生物体造成有害影响，接触时间根据生物体的生命周期确定，是物质本身的性质。

4）长期危害。化学品的慢性毒性对在水中长期暴露的水生生物造成的负害。

5）无显见效果浓度（NOEC）。试验浓度刚好低于产生在统计上有效的有害影响的最低测得浓度。

（28）对臭氧层的危害物包括《蒙特利尔议定书》附件中列出的任何受管制物质，或任何混合物至少含有一种体积分数不小于0.1%的被列入《蒙特利尔议定书》附件的组分。

2. 危险化学品的理化参数主要有哪些？

理化参数是用于表征危险化学品相关物理、化学特性的重要指标。危险化学品常用的理化参数主要有状态、颜色、酸碱度、分子式、结构式、相对分子质量、饱和蒸气压、临界压力、凝固点、熔点、沸点、闪点、自燃点、相对密度（相对空气/相对水）、溶解度、爆炸极限等。

3. 什么是闪点？什么是着火点？

闪点是指可燃性液体或固体表面产生的蒸气与空气形成的混合物，遇火源能够闪燃的最低温度。它是表示可燃性液体在储存、运输和使用过程中燃爆危险性的一个重要指标，同时也是可燃性液体的挥发性指标。闪点低的可燃性液体，挥发性高，容易着火，安全性较差。例如，汽油和柴油相比，汽油闪点在 45 ℃以下，柴油闪点在 45 ℃以上，在化工生产过程中，汽油更容易引起燃爆事故，安全性低于柴油。

闪点在危险化学品安全管理中有着重要意义。在《建筑设计防火规范》（GB 50016—2014）中，闪点是可燃液体生产、储存场所火灾危险性分类的重要依据；在《石油化工企业设计防火标准（2018 年版）》（GB 50160—2008）中，闪点是甲、乙、丙类危险液体分类的依据。

可燃物质在空气充足的条件下，当达到一定温度与火源接触后即着火，移去火源后仍能持续燃烧 5 min 以上，这种现象叫点燃。点燃的最低温度称为着火点。可燃液体的着火点一般高于闪点 5~20 ℃。但闪点在 100 ℃以下时，两者往往相同。在没有闪点数据的情况下，也可以用着火点表征物质的火灾爆炸危险程度。

4. 什么是自燃点？

自燃点是指可燃物质在助燃性气体中加热而没有外来火源（常温中自行发热或由于物质内部反应过程所提供的热量积聚起来）的条件下起火燃烧的最低温度。例如，处理硫化氢的设备，硫化氢腐蚀生成硫化亚铁，硫化亚铁与空气发生反应放热，迅速自燃。再如，油脂类浸到木屑、棉纱等物质中，会形成很大的氧化表面积，发生自燃。自燃点是评定可燃物火灾爆炸危险的主要安全数据，是可燃物储存、运输和使用的一个安全指标。自燃点越低，可燃物质发生自燃火灾的危险性就越大。

自燃点在危险化学品安全管理中有着重要意义。例如，根据《石油化工企业设计防火标准（2018 年版）》（GB 50160—2008）5.3.2 的规定，在进行装置规划时，若操作温度等于或高于自燃点的可燃液体泵上方，布置操作温度低于自燃点的甲、乙、丙类可燃液体设备时，封闭式楼板应为不燃材料无泄漏楼板。此项安全措施是为了防止危险化学品由于自燃发生起火爆炸事故。原因是：若在操作温度等于或高于自燃点的可燃液体泵上方布置操作温度低于自燃点的甲、乙、丙类可燃液体设备，可燃液体一旦泄漏，落到下方操作温度等于或高于自燃点物料的泵上，就可能被引燃。再如，有些遇水放出易燃气体的物质（如碳金属、硼氢化合物），放置于空气中即具有自燃性，有的（如钾）遇水能生成可燃气体放出热量而具有自燃性。因此，这类物质的储存必须与水及潮气隔离。

总之，无论是受热燃烧还是自热燃烧都是由于热量的积累导致可燃物的温度升高而自燃。因此，防止自燃的关键是防止热量积聚。

5. 什么是沸点？什么是凝固点？

沸点是液体沸腾时的温度，也就是液体的饱和蒸气压与外界压强相等时的温度。液体浓度越高，沸点越高。液体的沸点跟外部压强有关，当液体所受的压强增大时，它的沸点升高；压强减小时，沸点降低。

沸点在危险化学品安全管理中有着重要意义。例如，《石油化工企业设计防火标准（2018 年版）》（GB 50160—2008）6. 2. 3 条规定，储存沸点低于 45 ℃的甲$_B$类液体宜选用压力或低压储罐，这是为了防止液体沸腾危险。储存沸点低于 45 ℃的甲$_B$类液体，一般情况下，其储存温度下的饱和蒸气压高于或等于 88 kPa，除了采用压力储罐储存外，还可以采用冷冻式储罐储存或采用低压固定顶罐储存。

凝固点是晶体物质凝固时的温度，不同晶体的凝固点不同。在一定压强下，任何晶体的凝固点与其熔点相同。同一种晶体凝固点与压强有关。晶体凝固点随压强的变化有两种不同的情况：对于大多数物质，熔化过程是体积变大的过程，当压强增大时，这些物质的熔点要升高；对于像水这样的物质，与大多数物质不同，冰融化成水的过程体积要缩小（金属铋、锑等也是如此），当压强增大时冰的熔点要降低。在凝固过程中，液体转变为固体，同时放出热量。因此，物质的温度高于凝固点时处于液态，低于凝固点时就处于固态。非晶体物质无凝固点。

如果液体中溶有少量其他物质或杂质，即使数量很少，物质的凝固点也会有很大的变化。例如，水中溶有盐，凝固点就会明显下降，海水就是溶有盐的水，海水冬天结冰的温度比河水低就是这个原因。因此，溶有杂质是影响凝固点的重要因素。

6. 什么是爆炸极限?

爆炸极限是指可燃物质（可燃气体、蒸气和粉尘）与空气（或氧气）必须在一定的浓度范围内均匀混合，形成预混气，遇点火源才会发生爆炸，这个浓度范围称为爆炸极限。通常用可燃气体、蒸气或粉尘在空气中的体积分数来表示。该范围的最低浓度称为爆炸下限，最高浓度称为爆炸上限。例如，氯乙烯的爆炸极限是3.6%~31%（体积分数），那么，氯乙烯与空气（或氧气）混合物中氯乙烯体积分数在3.6%~31%之间时，才有爆炸的危险。当氯乙烯在混合物中体积分数占比低于3.6%时，空气所占比例很大，氯乙烯浓度不足，不会发生爆炸；当氯乙烯在混合物中体积分数大于31%时，空气（或氧气）不足，不会发生爆炸，若此时补充空气（或氧气），是有爆炸危险的，所以对爆炸上限以上的可燃气与空气（或氧气）混合气不能认为是安全的。

可燃性混合物的爆炸极限范围越宽、爆炸下限越低和爆炸上限越高时，其爆炸危险性越大。这是因为爆炸极限越宽则出现爆炸的可能性就越高：爆炸下限越低则可燃物稍有泄漏就会形成爆炸条件；爆炸上限越高，则有少量空气渗入容器，即能与容器内的可燃物混合形成爆炸条件。

7. 什么是相对密度?

相对密度是指物质的密度与参考物质的密度在各自规定的条件下之比，参考物质一般是水或空气（水=1，空气=1）。比如，在同等条件下同样大小的容器中，某种气体的质量是空气的60%，那么，此种气体的相对密度是0.6。

在化工安全生产中，可以根据某些物质的相对密度，确定灭火救援措施。例如，相对密度（水=1）<1的易燃和可燃液体发生火灾时不应用水扑救，因为它会浮在水面上，非但扑不灭，反而随水流散，扩大火灾面积。相对密度（空气=1）>1的易燃气体和蒸气，容易扩散和空气形成爆炸性混合物，容易沿地面、沟渠远距离流动，如遇明火，会发生回燃。在确定库房通风口位置时，也要根据物质与空气的相对密度：对于相对密度>1的易燃气体和蒸气，库房通风口位置应该设置在下方；对于相对密度<1的易燃气体和蒸气，库房通风口位置应该设置在上方。

8. 什么是最小引燃能？

最小引燃能又称为最小点燃能，是初始燃烧所需要的最小能量。所有可燃性物质（包括粉尘）都有最小引燃能。最小引燃能依赖于特定的化学物质或混合物的浓度、压力和温度。

试验数据表明：最小引燃能随着压力的增加而降低；一般情况下，粉尘的最小引燃能在能量等级上比可燃气体高；氮气浓度的增加导致最小引燃能增大。

许多碳氢化合物的最小引燃能大约为 22 mJ，这与引燃源相比是很低的。例如，在地毯上行走引发的静电放电的能量为 22 mJ，通常的火花塞所释放的能量为 25 mJ。流体流动所引起的静电放电也具有超出可燃物质最小引燃能的能量等级，也能够提供引燃源，导致燃烧。

思考题

1. 危险化学品的危险特性受哪些因素影响？
2. 如何根据危险化学品的危险特性，制定安全管理措施？

第二节　危险化学品防火防爆技术

一、危险化学品防火防爆知识

1. 什么是燃烧？哪些因素影响燃烧？

燃烧是可燃物质与助燃物质（氧或其他助燃物质）发生的一种发光发热的氧化反应。应注意，氧化反应并不限于同氧的反应。例如，氢在氯中燃烧生成氯化氢。类似地，金属钠在氯气中燃烧，炽热的铁在氯气中燃烧，都是激烈的氧化反应，并伴有光和热的发生。金属和酸反应生成盐也是氧化反应，但没有同时发光发热，所以不能称作燃烧。因此，燃烧一定伴随发光发热，只有同时发光发热的氧化反应才被界定为燃烧。

燃烧的物质可以是固体、液体或气体，但是燃烧大多数总是发生在气相，在燃烧发生之前，液体挥发为蒸气，固体分解放出蒸气。

可燃物质、助燃物质和点火源是可燃物质燃烧的 3 个基本要素，是发生燃烧的必要条件。3 个要素中缺少任何一个，燃烧便不会发生。对于正在进行的燃烧，只要充分控制 3 个要素中的任何一个，燃烧就会终止。

应该注意，有时虽然已具备了这 3 个条件，燃烧也不一定发生。这是因为燃烧还必须有充分的条件，只有当可燃物与助燃物要达到一定的比例，且点火能量足够时才能引起燃烧。这意味着：没有可燃物或可燃物的量不足、没有助燃物或助燃物的量不足、没有点火能量或点火能量不足以引发燃烧，这 6 点就是燃烧的必要且充分的条件，它为燃烧的控制指出了明确的方向。

常见的可燃物有：

气体：天然气、氯乙烯、丙烯、乙烯、乙炔、丙烷、一氧化碳、氢气等。

液体：汽油、甲苯、甲醇、乙醇、丙酮、戊烷、原油等。

固体：硫黄、木料、金属颗粒、塑料等。

常见的助燃物（氧化剂）有：

气体：氧气、氟气、氯气等。

液体：过氧化氢、硝酸、高氯酸、浓硫酸等。

固体：高锰酸钾、过氧化钠、超氧化钾等。

常见的点火源有：

电火花、明火、高温热表面、静电放电、摩擦火花等。

2. 控制点火源的措施有哪些?

在化工企业中能够引起火灾爆炸事故的点火源有明火源、摩擦与撞击、高温物体、电气火花、光线照射、化学反应热等。

（1）消除和控制明火。明火是指敞开的火焰、火花、火星等。如吸烟用火、加热用火、检修用火、高架火炬及烟囱、机械排放火星等。这些明火是引起火灾爆炸事故的常见原因，必须严加防范。

1）在有火灾爆炸危险场所严禁吸烟，驶入危险区的汽车、摩托车等机动车辆，其排气管应戴防火帽。

2）生产用明火、加热炉宜集中布置在厂区的边缘，且应位于有易燃物料的设备全年最小频率风向的下风侧，并与露天布置的液化烃设备和甲类生产厂房保持不小于 15 m 的防火间距。加热炉的钢支架应覆盖耐火极限不小于 15 h 的耐火层。燃烧燃料气的加热炉应设长明灯和火焰检测器。

3）使用气焊、电焊、喷灯进行安装和维修时，必须办理动火审批手续，并消除物体和环境的危险状态，备好灭火器材，在采取防护措施、确保安全无误后，方可动火作业。焊割工具必须完好。操作人员必须有相应资格证，作业时必须遵守安全操作规程。

4）全厂性的高架火炬应布置在生产区全年最小频率风向的上风侧。装置内的火炬高度应使火焰的辐射热不致影响人身和设备的安全，顶部应有可靠的点火设施和防止下“火雨”的措施；严禁排入火炬的可燃气体携带可燃液体；距火炬筒 30 m 范围内，禁止可燃气体放空。

（2）防止撞击火花和控制摩擦

1）机械轴承存在缺油、润滑不均等问题时，会摩擦生热，具有引起附着可燃物着火的危险。要求对机械轴承等转动部位及时加油，保持良好润滑，并经常注意清扫附着的可燃污垢。

2）物料中的金属杂质以及金属零件、铁钉等落入反应器、粉碎机、提升机等设备内，由于铁器与机件的碰击，能产生火花而导致易燃物料着火或爆炸。要求在有关机器设备上装设磁力离析器，以捕捉和剔除金属硬质物；对研磨、粉碎特别危险物料的机器设备，宜采用惰性气体保护。

3）金属机件摩擦碰撞，钢铁工具相互撞击或与混凝土地面撞击，均能产生火花，引起火灾爆炸事故。所以对摩擦或撞击能产生火花的两部分，应采用不同的金属制造，如搅拌机和通风机的轴瓦或机翼采用有色金属制作；扳手等钢铁工具改成铍青铜或防爆合金材料制作等。在有爆炸危险的甲、乙类生产厂房内，禁止穿带钉子的鞋，地面应采用摩碰、撞击不产生火花的材料铺筑。

4）在倾倒或抽取可燃液体时，由于铁制容器或工具与铁盖（口）相碰能迸发火星引起可燃蒸气燃爆，为防止此类事故的发生，应用铜锡合金或铝皮等不易产生火花的材料将容易碰撞的部位覆盖起来。搬运盛装易燃易爆化学物品的金属容器时，严禁抛掷、推拉、摔滚，有的可加防护橡胶套（垫）。

5）对有可燃物料的金属设备系统内壁表面应作防锈处理，定期进行耐压试验，经常检查其完好状况，发现缺陷，及时处置。避免金属导管或容器突然开裂，内部可燃的气体或溶液高速喷出引起火灾爆炸事故。

（3）防止和控制高温物体作用。高温物体一般是指在一定环境中能够向可燃物传递热量并能导致可燃物着火的具有较高温度的物体。在化工生产中常见的高温物体如加热装置（加热炉、裂解炉、蒸馏塔、干燥器等）、蒸汽管道、高温反应器、输送高温物料的管线和机泵，以及电气设备和采暖设备等，这些高温物体温度高、体积大、散发热量多，能引起与其接触的可燃物着火。预防措施如下：

1）禁止可燃物料与高温设备、管道表面接触。在高温设备、管道上不准搭晒衣物。可燃物料的排放口应远离高温物体表面。沉落在高温物体表面上的可燃粉尘纤维要及时清除。

2）工艺装置中的高温设备和管道要有隔热保护层。隔热材料应为不燃材料，并应定期检查其完好状况，发现隔热材料被泄漏介质侵蚀破损，应及时更换。

3）在散发可燃粉尘、纤维的厂房内，集中采暖的热媒温度不应过高。一般要求热水采暖不应超过 130 ℃，蒸汽采暖不应超过 110 ℃。采暖设备表面应光滑不沾灰尘。在有二硫化碳等低温自燃物的厂房内，采暖的热媒温度不应超过 90 ℃。

4）加热温度超过物料自燃点的工艺过程，要严防物料外泄或空气侵入设备系统。如需排送高温可燃物料，不得用压缩空气，应当用氮气压送。

（4）防止电气火花。电气火花是一种电能转变成热能的常见点火源，如电气线路和电气设备在开关断开、接触不良、短路、漏电时产生火花，还有静电放电火花、雷电放电火花等。

（5）防止日光照射和聚光作用。某些化学物质，如氯与氢、氯与乙烯或乙炔混合在光线照射下能爆炸。乙醚在阳光下长期存放，能生成有爆炸危险的过氧化物。硝化棉及其制品在日光下暴晒，自燃点降低，会自行着火。在烈日下储存低沸点易燃液体的铁桶，能爆裂起火。压缩和液化气体的储罐或钢瓶在烈日照射下，会使内部压力激增而引起爆炸及次生火灾。因此，应采取措施，加以防范，保证安全。

1）不准用椭圆形玻璃瓶盛装易燃液体，用玻璃瓶储存时，不准露天放置。

2）乙醚必须存放在金属桶内或暗色的玻璃瓶中，并在每年 4 月至 9 月以冷藏运输。

3）受热易蒸发分解气体的易燃易爆物质不得露天存放，应存放在有遮挡阳光的专门库房内。

4）储存液化气体和低沸点易燃液体的固定储罐表面，无绝热措施时应涂以银灰色，并设冷却喷淋设备，以便夏季防暑降温。

5）易燃易爆化学物品仓库的门窗外部应设置遮阳板，其窗户玻璃宜采用毛玻璃或涂刷白漆。

3. 什么是爆炸？爆炸可以分为几类？

爆炸是物质发生急剧的物理、化学变化，由一种状态迅速转变为另一种状态，并在瞬间释放出巨大能量的现象。

爆炸是非常复杂的过程，影响爆炸的参数有环境压力、爆炸物质的组成、爆炸物质的物理性质、引燃源特性（类型、能量和持续时间）、周围环境的几何尺寸（受限或非受限）、可燃物质的数量、可燃物质的扰动、引燃延滞时间、可燃物质泄漏的速率等。爆炸一般都会造成极强的破坏和巨大的伤亡。

按爆炸的性质分类，分为物理爆炸和化学爆炸。物理爆炸是指物质的物理状态发生急剧变化而引起的爆炸。例如，蒸汽锅炉、压缩气体、液化气体超压等引起的爆炸，都属于物理爆炸。物质的化学成分和化学性质在物理爆炸后均不发生变化。化学爆炸是指物质发生急剧化学反应，产生高温高压而引起的爆炸。物质的化学成分和化学性质在化学爆炸后均发生了质的变化。化学爆炸又可以进一步分为爆炸物分解爆炸、爆炸物与空气的混合爆炸两种类型。

4. 影响粉尘爆炸的主要因素有哪些?

影响粉尘爆炸的因素可大致归纳如下：

（1）粒径大小。这是影响其反应速度的重要因素。颗粒越小越易燃烧，爆炸也越强烈。粒径在 200 μm 以下，且分散度较大时，易于在空中飘浮，吸热快，容易着火。粒径超过 500 μm 并含有一定数量的大颗粒则不易起爆。

（2）化学成分。有机物粉尘中若含有 COOH，OH，NH_2，NO，C=N，C=N 和 N=N 的基团时，发生爆炸的危险性较大；含卤素和钾、钠的粉尘，爆炸趋势减弱。

（3）爆炸浓度。在一定容积中，能够传播火焰的悬浮粉尘的最小质量称为爆炸浓度。通常，达到爆炸浓度的粉尘才会发生爆炸。

（4）空气湿度。当空气湿度较大时，亲水性粉尘会吸附水分，从而使粉尘难以弥散和着火，传播火焰的速度也会减小。湿度大的粉尘即使着火，其热量首先消耗在蒸发粉尘中的水分，然后才用于燃烧过程。粉尘湿度超过 30% 便不易起爆。

（5）有足够的点火温度。粉尘爆炸大都起源于外部明火，如机械撞击、电焊和切割、静电火花或电火花、摩擦火花、火柴和高温体传热等。这类火源最低点火温度为 300~500 ℃。

二、化工防火防爆基本原则

1. 控制可燃物的措施有哪些?

控制可燃物，就是使可燃物达不到燃爆所需要的数量、浓度或者使可燃物难燃或用不燃材料取而代之，从而消除发生燃爆的物质基础。

（1）利用爆炸极限、相对密度等特性控制气态可燃物

1）当容器或设备中装有可燃气体或蒸气时，根据生产工艺要求，可增加可燃气体浓度或用可燃气体置换容器或设备中的原有空气，使其中的可燃气体浓度高于爆炸上限。

2）散发可燃气体或蒸气的车间或仓库，应加强通风换气，防止形成爆炸性

气体混合物。其通风排气口应根据气体的相对密度设在房间的上部或下部。

3）对有泄漏可燃气体或蒸气危险的场所，在泄漏点周围设立禁火警戒区，同时用机械排风或喷雾水枪驱散可燃气体或蒸气。若撤销禁火警戒区，则必须用可燃气体测爆仪检测该场所可燃气体浓度是否处于爆炸浓度极限之外。

4）盛装可燃液体的容器需要焊接动火检修时，一般需排空液体、清洗容器，并用可燃气体测爆仪检测容器中可燃蒸气浓度是否达到爆炸下限，在确认无爆炸危险时方能动火进行检修。

（2）利用闪点、自燃点等特性控制液态可燃物

1）根据需要和可能，用不燃液体和闪点较高的液体代替闪点较低的液体。例如：用三氯乙烯、四氯化碳等不燃液体代替酒精、汽油等易燃液体作溶剂；用不燃化学混合剂代替汽油、煤油作金属零部件的脱脂剂等。

2）利用不燃液体稀释可燃液体，会使混合液体的闪点、自燃点提高，从而减小火灾危险性。如用水稀释酒精，便会起到这一作用。

3）对于在正常条件下有聚合放热自燃危险的物质（如异戊二烯、苯乙烯、氯乙烯等），在储存过程中应加入阻聚剂（如对苯二酚苯醌）等，以防止该物质暴聚而导致火灾爆炸事故。

（3）利用燃点、自燃点等数据控制一般的固态可燃物

1）选用砖石等不燃材料代替木材等可燃材料作为建筑材料，可以提高建筑物的耐火极限。

2）选用燃点或自燃点较高的可燃材料或难燃材料代替易燃材料或可燃材料。例如，用醋酸纤维素代替硝酸纤维素制造胶片，燃点则由 180 ℃提高到 475 ℃，可以避免硝酸纤维胶片在长期储存或使用过程中的自燃危险。

3）用防火涂料涂层或阻燃剂浸涂木材、纸张、织物、塑料、纤维板、金属构件等可燃材料或不燃材料，可以提高这些材料的耐燃性和耐火极限。对于金属构件的抗燃烧性，可用耐火极限评价。例如，钢构件喷涂 4 mm 厚的 LB 钢结构膨胀型防火涂料，其耐火极限可由 15 min 提高到 1~1.5 h。

（4）利用负压操作对易燃物料进行安全干燥、蒸馏、过滤或输送。因为负压操作能够降低液体物料的沸点和烘干温度，缩小可燃物料的爆炸极限，所以通常

应用于下列场合：

1）真空干燥和蒸馏在高温下易分解、聚合、结晶的硝基化合物、苯乙烯等物料，可减少火灾危险性。

2）减压蒸馏原油，分离汽油、煤油、柴油等，可防止高温引起油料自燃。

3）真空过滤有爆炸风险的物料，可免除爆炸危险。

4）负压输送干燥、松散、流动性能好的粉状可燃物料，有利于安全生产。负压操作除了要求设备密闭并设置可靠的控压仪表和安装止逆阀外，必须保持一定的安全压力即真空度。只有在安全压力下，所处理的易燃物料才能免除燃爆危险。

2. 控制助燃物的措施有哪些?

控制助燃物，就是使可燃性气体、液体、固体、粉体物料不与空气、氧气或其他氧化剂接触，或者将它们隔离开来，即使有点火源作用，也因为没有助燃物参混而不致发生燃烧、爆炸。通常通过下面途径达到这一目的：

（1）密闭设备系统。把可燃性气体、液体或粉体物料放在密闭设备或容器中储存或操作，可以避免它们与外界空气接触而形成燃爆物质。

1）对有燃爆危险物料的设备和管道，尽量采用焊接，减少法兰连接。如必须采用法兰连接，应根据操作压力大小，分别采用平面、凹凸面等不同形状的法兰，同时衬垫要严密，螺丝要拧紧。

2）所采用的密封垫圈，必须符合工艺温度、压力和介质的要求，一般工艺可用石棉橡胶垫圈；有高温、高压或强腐蚀性介质的工艺，宜采用聚四氟乙烯塑料垫圈。如果采用填料密封达不到要求，有的可加水封和阀门，将物料从容器顶部抽吸排出。

3）输送燃爆危险性大的气体、液体管道，最好用无缝钢管。盛装腐蚀性物料的容器尽可能不设开关和阀门，可将物料从顶部抽吸排出。

4）接触高锰酸钾、氯酸钾、硝酸钾、漂白粉等粉状氧化剂的生产传动装置，要严加密封，经常清洗。定期更换润滑油，以防止粉尘漏进变速箱中与润滑油混合接触而引起火灾。

5）对加压和减压设备，在投入生产前和定期检修时，应做气密性检验和耐压强度试验。在设备运行中，可用皂液、pH 试纸或其他专门方法检验气密状况。

（2）惰性气体保护。惰性气体是指化学活泼性差、没有燃爆危险的气体。如氮气、二氧化碳、水蒸气、烟道气等，其中使用最多的是氮气。它们的作用有隔绝空气、冲淡氧含量、缩小以致消除可燃物与助燃物形成的燃爆浓度。

惰性气体保护，主要应用于以下几个方面：

1）覆盖保护易燃固体的粉碎、研磨、筛分和混合及粉状物料的输送。

2）压送易燃液体和高温物料。

3）充装保护有爆炸危险的设备和储罐。

4）保护可燃气体混合物的处理过程。

5）封锁可燃气体发生器的料口及废气排放系统的尾部。

6）吹扫、置换设备系统内的易燃物料或空气。

7）充氮保护非防爆型电器和仪表。

8）稀释泄漏的易燃物料，扑救火灾。

（3）隔绝空气储存。遇到空气或受潮、受热极易自燃的物品，可以隔绝空气进行安全储存。如金属钠储存于煤油中，黄磷存于水中，活性镍存于酒精中，烷基铝封存于氮气中，二硫化碳用水封存等。

（4）通风置换。在散发可燃气体较多的场所（如液化气充装站），应采用半敞开式建筑或露天布置，以保持良好通风自然扩散。在有可燃气体或粉尘的厂房内，应安装通风设施，以降低浓度，使之在爆炸范围以下。

三、防火防爆安全装置及技术

1. 预防气体爆炸的措施有哪些?

在化工企业发生可燃气体爆炸事故，极易造成严重的后果，因此，在日常生产活动中，必须高度重视相关工艺环节的保护要求。综合各类预防措施，其根本原则均为通过控制燃烧三要素，进一步控制避免发生燃烧爆炸。

（1）惰性气体保护。由于爆炸的形成需要有可燃物质、氧气以及一定的点火能量，用惰性气体取代空气，避免空气中的氧气进入系统，就消除了引发爆炸的一大因素，从而使爆炸过程不能形成。在化工生产中，采用的惰性气体（或阻燃性气体）主要有氮气、二氧化碳、水蒸气、烟道气等。

（2）系统密闭和正压操作。装盛可燃易爆介质的设备和管路，如果气密性不好，就会由于介质的流动性和扩散性，造成跑、冒、滴、漏，逸出的可燃易爆物质，会在设备和管路周围空间形成爆炸性混合物。同样道理，当设备或系统处于负压状态时，空气就会渗入，在设备或系统内部形成爆炸性混合物。设备密闭不良是发生火灾和爆炸事故的主要原因之一。

容易发生可燃易燃物质泄漏的部位主要有设备的转轴与壳体的密封处，设备的各种孔（人孔、手孔、清扫孔）盖及封头盖与主体的连接处，以及设备与管道、管件的各个连接处等。

为保证设备和系统的密闭性，在验收新设备时，在设备修理之后及在使用过程中，必须根据压力计的读数用压力试验来检查其密闭性，测定其是否漏气并进行气体分析。此外，可于接缝处涂抹肥皂液进行充气检测。为了检查无味气体（氢、甲烷等）是否漏出，可在其中加入显味剂（硫醇、氨等）。

当设备内部充满易爆物质时，要采用正压操作，以防外部空气渗入设备内。设备内的压力必须加以控制，不能高于或低于额定的数值。压力过高，轻则渗漏加剧，重则破裂导致大量可燃物质排出；压力过低，就有渗入空气、发生爆炸的可能。通常可设置压力报警器，在设备内压力失常时及时报警。

对爆炸危险性大的可燃气体（如乙炔、氢气等）以及危险设备和系统，在连接处应尽量采用焊接接头，减少法兰连接。

（3）厂房通风。要使设备达到绝对密闭是很难办到的，总会有一些可燃气体、蒸气或粉尘从设备系统中泄漏出来，而且在生产过程中某些工艺（如喷漆）还会大量释放可燃性物质。因此，必须用通风的方法使可燃气体、蒸气或粉尘的浓度不致达到危险的程度，一般应控制在爆炸下限的20%以下。如果挥发物既有爆炸性又对人体有害，其浓度应同时控制到满足《工业企业设计卫生标准》（GBZ 1—2010）的要求。

在设计通风系统时，应考虑到气体的相对密度。某些比空气重的可燃气体或蒸气，即使是少量物质，如果在地沟等低洼地带积聚，也可能达到爆炸极限。此时，车间或厂房的下部应设通风口，使可燃易爆物质及时排出。从车间排出含有可燃物质的空气时，应设防爆的通风系统，鼓风机的叶片应采用碰击时不会产生火花的材料制造，通风管内应设有防火遮板，在一处失火时可迅速隔断管路，避免波及他处。

（4）以不燃溶剂代替可燃溶剂。以不燃或难燃的材料代替可燃或易燃材料，是从本质安全角度提出的防火与防爆措施。因此，在满足生产工艺要求的条件下，应当尽可能地用不燃溶剂或火灾危险性小的物质代替易燃溶剂或火灾危险性较大的物质，这样可防止形成爆炸性混合物。

2. 如何预防粉尘爆炸？

（1）减少粉尘暴露。粉尘着火、爆炸需要氧化剂，大气与可燃爆粉尘的混合增大了粉尘燃爆危险性，减少粉尘的大量暴露是减少粉尘爆炸事故的首要措施。选用质量过关的零部件及成熟的工艺、设施，同时应加强设备定期维修以减少管、线的跑、冒、滴、漏，防止出现粉尘物料外泄。动火作业前，尤其是受限空间的动火作业，施工空间的卫生清扫工作极其重要。

（2）严格控制各类可能的点火源。例如工作区域要避免或严格控制明火，如吸烟、电焊、气割、气焊等。明火加热设备应远离物料区，不用明火照明，车间内要尽可能地限制取暖设备、照明设备，机动车辆进入厂区要戴防火罩等。

（3）严格控制物料的使用。生产工艺的设计应极力减少或不用危险性较大的物料；微粒的细化工序应尽可能地采用湿式或在惰化环境下进行；危险物料应尽量在密闭的空间内加工及运输，以隔绝空气、水蒸气；被粉碎的物料必须经过严格的筛选、去石和吸铁处理，以免产生火花；设备要排空时，要采用独立除尘净化设备，杜绝用管道连接集中处理。

（4）采取结构性防爆措施。加工可燃性粉尘的工厂建筑物尽可能采用敞开式，或采用室外露天式。建筑物位置的选择原则是：爆炸时，即使从轻型屋盖或墙壁向外泄放爆炸火焰时，也不要危及其他作业场地和建筑物。除此之外，还要设置必要的诸如抗爆、泄爆、抑爆及隔爆等结构性防爆设施。

3. 建（构）筑物的防火防爆设施有哪些？

（1）防火墙。根据在建筑物中的位置和构造形式，有与屋脊方向垂直的横向防火墙、与屋脊方向平行的纵向防火墙、内防火墙、外防火墙和独立防火墙等。内防火墙是把厂房或库房划分成防火单元，可以阻止火势在建筑物内的蔓延扩展；外防火墙是为邻近两幢建筑的防火间距不足而设置的无门窗洞的外墙，或两幢建筑物之间的室外独立防火墙。

防火墙应由非燃烧体材料构成，其耐火极限不应低于 4 h；防火墙应直接砌筑在基础上或框架结构的框架上，当防火墙一侧的屋架、梁和楼板被烧毁或受到严重破坏时，防火墙不致倒塌；防火墙内不应设置通风排气道；不应开设门、窗洞口，如必须开设时，应设置耐火等级不低于 1.2 h 的防火门，并能自行关闭；可燃气体和液体管道不应穿过防火墙，其他管道若必须穿过时，应用非燃烧材料将管道四周缝隙填塞紧密等。

（2）防火门。已采取防火分隔的相邻区域如需要互相通行时，可在中间设防火门。按燃烧性能不同有非燃烧体防火门和难燃烧体防火门，按开启方式不同有平开门、推拉门、升降门和卷帘门等。防火门应能关闭紧密，不会窜入烟火；应有较高的耐火极限，甲级防火门的耐火极限不低于 1.2 h，乙级不低于 0.9 h，丙级不低于 0.6 h。

（3）防火间距。火灾发生时，由于强烈的热辐射、热对流以及燃烧物质的爆炸飞溅、抛向空中形成飞火，能使邻近甚至远处建筑物形成新的起火点。为阻止火势向相邻建筑物蔓延扩散，应保证建筑物之间的防火间距，《建筑设计防火规范》（GB 50016—2014）、《石油化工企业设计防火标准（2018 年版）》（GB 50160—2008）等对防火间距作出了详细规定。

（4）防爆泄压装置。有爆炸危险的甲、乙类厂房应设置泄压装置，构成薄弱环节设施，一旦发生爆炸时，这些薄弱部位首先遭受破坏，瞬时把大量气体和热量泄入大气，削弱爆炸威力，从而减轻承重结构受到的爆炸压力，避免造成倒塌破坏。厂房的泄压装置可采用轻质板制成的屋顶和易于泄压的门、窗，也可用轻质墙体泄压。当厂房周围环境条件较差时，宜采用轻质屋顶泄压。

思考题

1. 如何根据危险化学品的危险特性做好事故防范工作？
2. 危险化学品燃烧与爆炸的关系是什么？
3. 试分析企业生产过程中采取了哪些防爆措施。
4. 试分析企业控制室采取的抗爆措施都有哪些。

第三节　设备设施管理

一、设备管理

1. 化工生产对设备的要求有哪些？

化工生产过程和化工设备紧密相关。化工设备是化工生产过程的具体实现者，设备运行是否正常，直接关系到生产的安全和稳定，要保证生产安全、稳定运行，必须了解化工生产的特点、化工生产环境对设备的各种影响因素，掌握化工生产过程对设备、材料的具体要求。在保证生产安全、卫生和环保的前提下，完成设备的正常操作、维护、故障处理，保证化工生产过程的正常进行。化工生产对化工设备的基本要求如下：

（1）安全性能要求

1）足够的强度。强度是指在载荷作用下材料抵抗永久变形和断裂的能力。屈服点和抗拉强度是钢材常用的强度判据。化工设备是由一定的材料制造而成的，其安全性与材料强度紧密相关，在相同设计条件下，提高材料强度，可以增大许用应力，减薄化工设备的壁厚，减小质量，便于制造、运输和安装、从而降低成本，提高综合经济性。对于大型化工设备，采用高强度材料的效果尤为显著。

2）良好的韧性。韧性是指材料断裂前吸收变形能量的能力。由于原材料制造（特别是焊接）和使用（如疲劳、应力腐蚀）等方面的原因，化工设备的构件常带有各种各样的缺陷，如裂纹、气孔、夹渣等。如果材料韧性差，可能因其本身的缺陷或在波动载荷作用下而发生脆性断裂。

3）足够的刚度和抗失稳能力。刚度是设备在载荷作用下保持原有形状的能力。刚度不足是设备过度变形的主要原因之一。例如，螺栓、法兰和垫片组成的连接结构，若法兰因刚度不足而发生过度变形，将导致密封失效而泄漏。

4）良好的耐腐蚀性。设备处理的介质往往是腐蚀性强的酸、碱、盐。材料被腐蚀后，不仅会导致壁厚减薄，而且有可能改变设备材料的组织和性能。因此，材料必须具有较强的耐腐蚀性能。

5）可靠的密封性。密封性是指化工设备防止介质泄漏的能力。由于化工生产中的介质往往具有危害性，若发生泄漏不仅有可能造成环境污染，还可能引起中毒、燃烧和爆炸。因此，密封的可靠性是化工设备安全运行的必要条件。

（2）工艺性能要求

1）达到工艺指标。化工生产过程的工艺指标是由设备来完成的。化工设备需具备一定的工艺指标要求，以满足生产的需要。如储罐的储存量、换热器的传热量、反应器的反应速率、塔设备的传质效率等。工艺指标达不到要求，将影响整个过程的生产效率，造成经济损失。

2）生产效率高、消耗低。化工设备的生产效率用单位时间内单位体积（或面积）所完成的生产任务来衡量。如换热器在单位时间单位传热面积的传热量，反应器在单位时间单位容积内的产品数量等，消耗是指生产单位质量或体积产品所需要的资源（如原料燃料、电能等）。设备选用时应从工艺、结构等方面来考虑提高化工设备的生产效率和降低消耗。

（3）使用性能要求

1）结构合理、制造简单。化工设备的结构要紧凑、设计要合理、材料利用率要高。制造方法要有利于实现机械化、自动化，有利于成批生产，以降低生产成本。

2）运输与安装方便。化工设备一般由机械制造厂生产，再运至使用单位安装。对于中小型设备运输安装一般比较方便，但对于大型设备，应考虑运输的可行性，如运载工具的能力、空间大小、码头深度、桥梁与路面的承载能力、吊装设备的吨位等。对于特大型设备或有特殊要求的设备，则应考虑采用现场组装的条件和方法。

3）操作、控制、维护简便。化工设备的操作程序和方法要简单，维护方便。设备最好能设有防止错误操作的报警装置。当操作过程中出现超温、超压、泄漏和其他异常情况时，能发出警报信号，并可对操作状态进行调节。

（4）经济性能要求。在满足安全性、工艺性、使用性的前提下，应尽量减少化工设备的基建投资和日常维护、操作费用，并使设备在使用期内安全运行，以获得较好的经济效益。

2. 特种设备有哪些种类？

根据《中华人民共和国特种设备安全法》（以下简称《特种设备安全法》），特种设备是指对人身和财产安全有较大危险性的锅炉、压力容器（含气瓶）、压力管道、电梯、起重机械、客运索道、大型游乐设施、场（厂）内专用机动车辆。特种设备依据其主要工作特点，分为承压类特种设备和机电类特种设备。

3. 固定式压力容器的定义是什么？压力容器是怎么分类的？

根据《固定式压力容器安全技术监察规程》（TSG 21—2016）的规定，固定式压力容器是指《特种设备目录》所定义的同时具备以下条件的压力容器：

（1）工作压力大于或者等于 0.1 MPa。

（2）容积大于或者等于 0.03 m^3 并且内直径（非圆形截面指截面内边界最大几何尺寸）大于或者等于 150 mm。

（3）盛装介质为气体、液化气体以及介质最高工作温度高于或者等于其标准沸点的液体（容器内介质为最高工作温度低于其标准沸点的液体时，如果气相空间的容积大于或者等于 0.03 m^3 时，也属于压力容器）。

压力容器按照在生产工艺过程中的作用原理，划分为反应压力容器、换热压力容器、分离压力容器、储存压力容器。

反应压力容器（代号 R）主要是用于完成介质的物理、化学反应的压力容器，例如，各种反应器、反应釜、聚合釜、合成塔、变换炉、煤气发生炉等。

换热压力容器（代号 E）主要是用于完成介质的热量交换的压力容器，例如，各种热交换器、冷却器、冷凝器、蒸发器等。

分离压力容器（代号 S）主要是用于完成介质的流体压力平衡缓冲和气体净化分离的压力容器，例如，各种分离器、过滤器、集油器、洗涤器、吸收塔、铜洗塔、干燥塔、汽提塔、分汽缸、除氧器等。

储存压力容器（代号 C，其中球罐代号 B）主要是用于储存或者盛装气体、液体、液化气体等介质的压力容器，如各种型式的储罐。

在一种压力容器中，如同时具备两个以上的工艺作用原理时，应当按照工艺过程中的主要作用来划分。

4. 压力容器使用登记要求有哪些？压力容器的检验周期是如何确定的？

（1）压力容器使用登记要求。根据《固定式压力容器安全技术监察规程》（TSG 21—2016）的规定，压力容器使用单位应当按照规定在压力容器投入使用前或者投入使用后 30 日内，向所在地负责特种设备使用登记的部门申请办理《特种设备使用登记证》。新装压力容器登记时，应向登记单位提供符合《固定式压力容器安全技术监察规程》（TSG 21—2016）相关要求的设计、制造、安装和监督检验资料。

（2）金属压力容器检验周期。金属压力容器一般于投用后 3 年内进行首次定期检验。以后的检验周期由检验机构根据压力容器的安全状况等级，按照以下要求确定：

1）安全状况等级为 1、2 级的，一般每 6 年检验一次。

2）安全状况等级为 3 级的，一般每 3~6 年检验一次。

3）安全状况等级为 4 级的，监控使用，其检验周期由检验机构确定，累计监控使用时间不得超过 3 年，在监控使用期间，使用单位应当采取有效的监控措施。

4）安全状况等级为5级的，应当对缺陷进行处理，否则不得继续使用。

5. 压力容器月度检查和年度检查有哪些要求？

根据《固定式压力容器安全技术监察规程》（TSG 21—2016）的规定，压力容器定期自行检查包括压力容器的月度检查和年度检查。

（1）月度检查。使用单位每月对所使用的压力容器至少进行1次月度检查并且应当记录检查情况；当年度检查与月度检查时间重合时，可不再进行月度检查。月度检查内容主要为压力容器本体及其安全附件、装卸附件、安全保护装置、测量调控装置、附属仪器仪表是否完好，各密封面有无泄漏，以及其他异常情况等。

（2）年度检查。使用单位每年对所使用的压力容器至少进行1次年度检查。年度检查工作完成后，应当进行压力容器使用安全状况分析，并且及时消除年度检查中发现的隐患。年度检查工作可以由压力容器使用单位安全管理人员组织经过专业培训的作业人员进行，也可以委托有资质的特种设备检验机构进行。

6. 特种设备技术档案包括哪些内容？

根据《特种设备安全法》的规定，特种设备技术档案内容包括：

（1）特种设备的设计文件、产品质量合格证明、安装及使用维护保养说明、监督检验证明等相关技术资料和文件。

（2）特种设备的定期检验和定期自行检查记录。

（3）特种设备的日常使用状况记录。

（4）特种设备及其附属仪器仪表的维护保养记录。

（5）特种设备的运行故障和事故记录。

7. 压力管道级别是如何划分的？

根据《压力管道规范　工业管道　第1部分：总则》（GB/T 20801.1—2020）压力管道根据其危害程度和安全等级划分为GC1级、GC2级、GC3级。

（1）符合下列条件之一的压力管道为GC1级：

1）输送《危险化学品目录（2010版）》中规定的毒性程度为急性毒性类别1介质、急性毒性类别2气体介质和工作温度高于其标准沸点的急性毒性类别2

液体介质的压力管道。

2）输送 GB 50160—2008、GB 50016—2014 中规定的火灾危险性为甲、乙类可燃气体或甲类可燃液体（包括液化烃），并且设计压力≥4.0 MPa 的压力管道。

3）输送除前两项介质的流体，且设计压力≥10.0 MPa，或者设计压力≥4.0 MPa，并且设计温度≥400 ℃的压力管道。

（2）符合下列条件的压力管道（包括制冷管道）应划分为 GC 2 级：介质毒性或易燃性危险和危害程度、设计压力和设计温度低于 GC1 级规定的压力管道。

（3）用于输送无毒、非可燃、无腐蚀性液体介质，设计压力小于或者等于 1.0 MPa，并且设计温度为-20～185 ℃的管道划分为 GC3 级。

8. 压力管道事故常见原因有哪些?

（1）设计问题。设计单位无资质，特别是中小企业的技术改造项目设计往往自行设计，设计方案未经有关部门审查备案。

（2）焊缝缺陷。如无证焊工施焊、焊接不开坡口、焊缝未焊透、焊缝严重错边或其他超标缺陷造成焊缝强度低下、焊后未进行检验和无损检测、未查出超标焊接缺陷。

（3）材料缺陷。如材料选择或替代错误、材料质量差、焊接有重皮等缺陷。

（4）阀体和法兰缺陷。如阀门失效、磨损，阀体、法兰材质不合要求，阀门公称压力、适用范围选择不对。

（5）腐蚀泄漏。压力管道超期服役造成腐蚀，未进行在用检验评定安全状况。

（6）安全距离不足。如压力管道与其他设施距离不合规范，压力管道与生活设施安全距离不足。

（7）安全意识和安全知识缺乏。员工思想上对压力管道安全意识淡薄，对压力管道有关介质安全知识贫乏。

（8）违章操作。无安全操作制度或有制度不严格执行。

9. 开展设备完好性管理的基本途径有哪些?

企业应对纳入设备完好性管理的设备设施，通过以下途径实现设备完好性管理：

（1）通过建立设计管理程序，根据过程风险分析结果和有关设计标准，保障设备设施的设计和选型能够满足化工装置安全稳定运行需要。

（2）建立有效的采购质量控制程序，确保采购设备设施、材料、备品备件等满足设计和安全生产要求。

（3）通过建立严格的工程质量监督和验收程序及验收标准，加强施工阶段的质量控制，确保施工、安装和调试质量。

（4）严格按照工艺和设备操作规程操作，确保设备设施在允许的操作条件下运行；制定设备设施维护保养制度和规程，及时正确维护和保养设备设施。

（5）实施预防性维护维修。通过对设备设施在线检测、定期检测和日常检查、测试，对纳入设备完好性管理的设备设施进行有效的检测监控，及时掌握设备设施的运行状态，在设备设施发生故障前提前维护维修。

（6）严格设备设施维护维修程序和标准，确保设备设施维护维修后恢复其原有功能。通过作业许可程序实现维护维修过程安全。

（7）针对重点设备应制定故障后的应急处置方案，纳入工厂应急响应计划。

（8）设备设施及相关的润滑油（脂）、备品备件变更严格执行变更管理程序。

（9）设备拆除管理程序和规定，明确报废标准，严格设备设施拆除时化学品倒空、置换、动火、进入和吊装等作业的安全要求。

（10）企业应安排参与设备管理、使用、维修、维护的相关人员接受设备完好性管理的专门培训。

二、电气、仪表管理

1. 常规仪表的管理应遵循哪些要求?

仪表的选型应遵循安全可靠、技术成熟、经济合理的原则，仪表设备施工单位必须具有相应的施工资质、施工能力，并具有健全的工程质量保证体系。

（1）选型。常规仪表的选型应遵循《石油化工自动化仪表选型设计规范》（SH/ T 3005—2016），在满足生产需要的前提下，综合考虑仪表的安全可靠性、技术先进性、经济实用性，并考虑企业现状和发展规划，力求品种统一，有利于全厂或区域性的集中控制和集中管理。电涌保护器的设计应遵循《石油化工仪表系统防雷设计规范》（SH/T 3164—2021）的规定。

（2）防爆型仪表的管理。根据使用场所爆炸危险区域的划分，选择满足防爆等级的仪表。防爆型仪表的安装、配线及电缆应按安装场所爆炸性气体混合物的类别、级别、组别确定安装、敷设方式。防爆型仪表及其辅助设备、接线盒等均应有防爆合格证，其构成的系统应符合整体防爆的设计要求。防爆型仪表检修时不得随意更改零部件的结构、材质。在爆炸危险区域对原有的防爆型仪表进行更新、改造或新增时，必须满足原有的防爆要求，不得降低防爆等级。

（3）放射性仪表的管理。放射性仪表现场 10 m 之内要有明显的警示标志，维护人员应接受政府主管部门的专门培训并取得其颁发的放射工作人员证书后，才能进行仪表的维护、检修、校准工作，并配备必要的劳动防护用品和监测仪器。

（4）常规仪表的校准、检修。常规仪表的校准周期，原则上为所在装置大修周期；日常故障修复后必须校准，并做好校准记录；严禁使用超期未检或检定不合格的仪器，各种仪器应按有关计量法规要求进行周期检定。常规仪表设备校准后应进行回路试验及联校，参加联锁的仪表还应进行联锁回路的调试和确认。

常规仪表的检修，原则上随装置停工检修进行，在检修前应根据实际情况制定检修计划，准备必要的备品配件、检修材料、工具和标准仪器，并编制切实可行的检修管理方案。应根据常规仪表设备的运行状况，组织预防性检修。常规仪表设备检修按《石油化工设备维护检修规程（合订本)》（SHS 06001 ~ SHS 06009—2004）的要求进行，在每个检修周期内，应进行校准或检查确认。

2. 仪表控制系统管理应遵循哪些规定?

企业应建立健全控制系统运行、维护、检修等各种规程和管理制度。控制系统的选型、配置应遵循《石油化工分散控制系统设计规范》（SH/T 3092—2013）的要求。系统运行负荷、通信能力应满足先进控制和管控一体化发展需要。

（1）控制系统的运行管理。要做好仪表控制系统的运行管理，确保投用率和完好率。尤其是要加强对涉及“两重点一重大”生产、储存设施的监测监控仪表的运行管理。按照《关于加强化工过程安全管理的指导意见》（安监总管三〔2013〕88号）的要求，新（改、扩）建装置和大修装置的仪表自动化控制系统投用前、长期停用的仪表自动化控制系统再次启用前，必须进行检查确认。

（2）控制系统的日常维护。主管单位应定时检查主机/控制器、外围设备硬件的完好及运行状况，环境条件、供电及接地系统应满足控制系统正常运行要求，按规定周期做好设备的清洁工作。严禁在控制系统上使用无关的软件，系统软件和应用软件必须有双备份，并异地妥善保管；控制系统的密码或键锁开关的钥匙要由专人保管；控制系统要设置分级管理，并执行规定范围内的操作内容；系统软件和主要应用软件修改应经使用单位主管部门批准后方可进行；软件备份要注明软件名称、修改日期、修改人，并将有关修改设计资料存档。DCS操作站的鼠标、键盘、显示器严禁私自更换，需更换时由仪表维护人员进行更换。严禁将水杯、食物、手套、饭盒、工具等物品放置在控制系统操作台、自保操作台和辅助操作台上以及操作键盘上。

（3）控制系统故障处理。控制系统运行时出现异常或故障，维护人员应及时处理，并对故障现象、原因、处理方法及结果做好记录。对监控检测仪表投用率低、完好性差的现象要查找原因，及时排除故障。

（4）控制系统检修管理。控制系统的大修，原则上随装置停工大修同步进行。控制系统的检修应按相关规程要求进行。严禁执行与控制系统无关的操作，严禁外来计算机接入控制网络，控制系统与信息管理系统间如需连接，应采取隔离措施，以防范外来计算机病毒侵害。电视监控系统、工业无线网络不应与控制移动存储设备一起接入控制系统计算机，如需接入，应由专人负责，采用指定设备，严防病毒入侵。

（5）控制系统变更管理。严禁随意更改工艺报警定值、控制方案或增加仪表回路，已投入使用的系统如需要修改，必须通过主管部门审批，由仪表维护人员实施。控制系统的备品备件管理要有专门的账卡，保管、储存控制系统备品备件的环境应符合要求。企业应制定控制系统事故应急预案。控制系统出现故障时，应按事故应急预案执行。在处理控制系统重大故障时，按重大事项报告制度执行。

（6）做好权限管理。设置控制系统操作管理权限，严禁工艺操作人员修改工艺参数设定值和报警联锁值。必须在经过变更审批后由仪表专业人员实施变更。

（7）控制系统机房管理。控制系统机房的环境必须满足控制系统设计规定的要求，消防设施应配备齐全，有防小动物进入的措施。进入机房作业人员应采取静电释放措施，消除人体所带的静电。在装置运行期间，控制系统机房内应控制使用移动通信工具，并张贴警示标志。机房内严禁带入食品、液体、易燃易爆和有毒物品等，禁止堆放杂物，机柜上禁放任何物品。无关人员不得进入机房。不得在机房安装非控制系统的机柜或设备。

3. 什么是DCS控制系统？DCS的基本构成是什么？

DCS（distributed control system）控制系统又名集中分散控制系统（简称集散控制系统），也叫分布式控制系统，是集计算机技术、控制技术、通信技术和CRT技术为一体的综合性高技术产品。DCS通过操作站对整个工艺过程进行集中监视、操作、管理，通过控制站对工艺过程各部分进行分散控制，既不同于常规的仪表控制系统，又不同于集中式的计算机控制系统，而是集中了两者的优点，克服了它们各自的不足。DCS以其可靠性、灵活性、人机界面友好性及通信的方便性等特点日益被广泛应用。

DCS概括起来可分为三大部分：集中管理部分、分散控制监视部分和通信部分，集中管理部分又可分为操作站、工程师站和上位计算机。

操作站是由微处理器、CRT、键盘、打印机等组成的人机系统，实现集中显示、集中操作和集中管理。工程师站主要用于组态和维护，上位计算机用于全系统的信息管理和优化控制。

分散控制监测部分按功能可分为现场控制站和现场监测站。现场控制站是由一个微处理器、存储器、I/O输入输出板、A/D、D/A转换器、内总线、电源和通信接口等组成，可以控制多个回路，具有较强的运算能力和各种控制算法功能，可自主地完成回路控制任务，实现分散控制。

现场监测站又叫数据采集装置，也是微计算机结构，主要是采集非控制变量以进行数据处理，并将某个采集的过程信息经高速数据公路送到上位计算机。

通信部分又叫高速数据通路，是实现分散控制和集中管理的关键。其连接DCS的操作站、工程师站、上位计算机、控制站和监测站等各个部分，完成数据、指令及其他信息的传递。

4. 安全仪表系统的主要作用有哪些？

根据《国家安全监管总局关于加强化工安全仪表系统管理的指导意见》（安监总管三〔2014〕116号）的规定，化工安全仪表系统（SIS）包括安全联锁系统、紧急停车系统和有毒有害、可燃气体及火灾检测保护系统等。安全仪表系统独立于过程控制系统（如分散控制系统等），生产正常时处于休眠或静止状态，一旦生产装置或设施出现可能导致安全事故的情况时，能够瞬间准确动作，使生产过程安全停止运行或自动导入预定的安全状态。

根据安全仪表功能失效产生的后果及风险，将安全仪表功能划分为不同的安全完整性等级（SIL1～SIL4，最高为4级）。不同等级安全仪表回路在设计、制造、安装调试和操作维护方面的技术要求不同。

安全仪表系统的工作目的是对生产的安全性提供保障，提升企业经济效益，保证工作人员的人身安全。在工业控制领域中，安全仪表系统是工业控制中尤为重要的一部分，能够使企业很好地进行风险管理，并对潜在风险得到有效防范。

5. 安全仪表系统组成单元及作用有哪些？

安全仪表系统基本组成大致可分为3部分：传感器单元、逻辑运算单元和最终执行器单元。

（1）传感器单元。采用多台仪表或系统，将控制功能与安全联锁功能隔离。即传感器分开别立配置原则，做到安全仪表系统与过程控制系统的实体分离。

（2）逻辑运算单元。由输入模块、控制模块、诊断回路、输出模块4部分组成。依据逻辑运算单元自动进行周期性故障诊断，基于自诊断测试的安全仪表系统，系统具有特殊的硬件设计，借助于安全性诊断测试技术保证安全性。逻辑运算单元可以实现在线诊断SIS的故障。

（3）最终执行单元（切断阀、电磁阀）。最终执行单元是安全仪表系统中危险性最高的设备。由于安全仪表系统在正常工况时是静态的、被动的，系统输出不变，最终执行单元一直保持在原有的状态，很难确认最终执行元件是否有危险故障。在正常工况时，过程控制系统是动态的、主动的，控制阀门动作随控制信号的变化而变化，不会长期停留在某一位置，因此，要选择符合安全度等级要求的控制阀及配套的电磁阀为安全仪表系统的最终执行元件。例如，当安全完整性等级为 3 级时，可采用 1 台控制阀和 1 台切断阀串联连接作为安全仪表系统的最终执行单元。

6. 相关文件对开展仪表安全完整性等级（SIL）评估的要求是什么？

《关于加强化工安全仪表系统管理的指导意见》（安监总管三〔2014〕116 号）要求，涉及“两重点一重大”在役生产装置或设施的化工企业和危险化学品储存单位，要在全面开展过程危险分析（如危险与可操作性分析）的基础上，确定安全仪表功能（SIF）及其相应的功能安全要求或安全完整性等级（SIL），通过风险分析确定安全仪表功能及其风险降低要求，并尽快评估现有安全仪表功能是否满足风险降低要求；企业应在评估基础上，制订安全仪表系统管理方案和定期检验测试计划。对于不满足要求的安全仪表功能，要制订相关维护方案和整改计划，完成安全仪表系统评估和完善工作。

7. 如何根据安全完整性等级的不同选配仪表控制系统？

根据《石油化工安全仪表系统设计规范》（GB/T 50770—2013）的要求，仪表的安全完整性等级分为 4 级，即 SIL1～SIL4 级，其中 SIL4 级最高。在石油化工行业，最高等级为 3 级。

（1）在测量仪表的独立设置方面，规定：

1）SIL1 级安全仪表功能，测量仪表可与基本过程控制系统共用。

2）SIL2 级安全仪表功能，测量仪表宜与基本过程控制系统分开。

3）SIL3 级安全仪表功能，测量仪表应与基本过程控制系统分开。

（2）在测量仪表的冗余设置方面，规定：

1）SIL1 级安全仪表功能，可选用单一测量仪表。

2）SIL2 级安全仪表功能，宜选用冗余测量仪表。

3）SIL3 级安全仪表功能，应选用冗余测量仪表。

（3）在控制阀的独立设置方面，规定：

1）SIL1 级安全仪表功能，控制阀可与基本过程控制系统共用，应确保安全仪表系统的动作优先。

2）SIL2 级安全仪表功能，控制阀宜与基本过程控制系统分开。

3）SIL3 级安全仪表功能，控制阀应与基本过程控制系统分开。

（4）在控制阀的冗余设置方面，规定：

1）SIL1 级安全仪表功能，可采用单一控制阀。

2）SIL2 级安全仪表功能，宜采用冗余控制阀。

3）SIL3 级安全仪表功能，应采用冗余控制阀。

控制阀冗余方式可采用一个控制阀和一个切断阀，也可采用两个切断阀。

8. 在役装置开展 SIL 评估的主要流程有哪些？

（1）工艺危害分析，通过对工艺过程的风险进行量化，参照个人可接受风险标准及社会可接受风险标准，进行下一步工作。

（2）根据工艺危害分析的结果，对报警及联锁进行逐项逐回路分析。

（3）通过对事故场景开展保护层分析，确定是否需要安全仪表功能 SIF 以及 SIL 等级。

（4）SIL 验证，对 SIL1 以上的 SIF 进行验证。

（5）通过调整设备选型、结构约束、选择合理的检测测试时间间隔等对不满足要求的 SIF 进行提出整改建议。

9. 可燃气体和有毒气体检测报警仪的设置原则是什么？

根据《石油化工可燃气体和有毒气体检测报警设计标准》（GB/T 50493—2019）的要求，可燃气体和有毒气体检测报警仪的设置原则是：

（1）具有可燃气体释放源，且释放时空气中可燃气体的浓度有可能达到 25% LEL 的场所，应设置相关的可燃气体检测报警仪。

（2）具有有毒气体释放源，且释放时空气中有毒气体浓度可达到最高容许值并有人员活动的场所，应设置有毒气体检测报警仪。

（3）可燃气体和有毒气体释放源同时存在的场所，应同时设置可燃气体和有毒气体检测报警仪。

（4）单一气体既属于可燃又属于有毒气体释放源存在的场所，可只设置有毒气体检测报警仪。

（5）可燃气体和有毒气体混合释放的场所，一旦释放，当空气中可燃气体体积分数可能达到25%LEL，而有毒气体不能达到最高容许体积分数时，应设置可燃气体检测报警仪；如果一旦释放，当空气中有毒气体可能达到最高容许值，而可燃气体体积分数不能达到25%LEL时，应设置有毒气体检测报警仪。

（6）设置气体检测仪的场所，一般情况下，安装固定式可燃气体或有毒气体检测报警仪。但是，若没有相关固定式检测报警仪或无安装固定式检测报警仪的条件，或属于非长期固定的生产场所的，可使用便携式仪器检测，或者采样检测。

（7）可燃气体和（或）有毒气体检测报警仪的数据采集系统，宜采用专用的数据采集单元或设备，不宜将可燃气体和（或）有毒气体检测仪接入其他信号采集单元或设备内，避免混用。

10. 发生电气火灾和爆炸的条件是什么？

发生电气火灾和爆炸的两个条件：首先要有易燃易爆物质和环境，其次要有引燃条件。在生产场所的动力、照明、控制、保护、测量等系统和生活场所中的各种电气设备和线路，在正常工作或事故中常常会产生电弧、火花和危险的高温，这就具备了引燃条件。电气火花可以引爆易燃易爆物质。

11. 电气设备防爆原理是什么？

不同类型的电气设备防爆原理是不同的，下面介绍 9 种电气设备的防爆原理：

（1）隔爆型电气设备。防爆原理是将正常工作或事故状态下可能产生火花的部分放在一个或几个外壳中，这种外壳除了将其内部的火花、电弧与周围环境中的爆炸性气体隔开外，还有当进入壳内的爆炸性气体混合物被壳内的火花、电弧引爆时外壳不会被炸坏，也不会使爆炸物通过连接缝隙引爆周围环境中的爆炸性气体混合物。

（2）增安型电气设备。防爆原理是在正常运行条件下不会产生电弧、火花和危险温度的电气设备。

（3）本质安全型电气设备。防爆原理是通过限制电路的电气参数（主要是指在规定的试验条件下，正常工作或规定的故障状态下产生的电火花和热效应均不能点燃规定的爆炸性混合物的电路）限制放电能量实现电气防爆。

（4）正压型电气设备。防爆原理是将电气设备置于外壳内，壳内充入保护性气体，并使壳内的保护气体压力高于周围爆炸性环境的压力，以阻止外部爆炸性混合物进入壳内实现电气设备的防爆。

（5）充油型电气设备。防爆原理是将全部或部分部件浸在油内，使设备在故障状态下产生的电弧、火花不能点燃油面以上的或壳外的爆炸性混合物。

（6）充砂型电气设备。防爆原理是在电气设备的外壳内填充石英砂，将设备的导电部件或带电部分埋在石英砂防爆材料之下，使之在规定的条件下，在壳内产生的电弧、传播的火焰、外壳壁或石英砂材料表面的温度都不能点燃周围爆炸性混合物。

（7）无火花型电气设备。防爆原理是设备在正常运行条件下，不会产生有点燃作用的故障出现。

（8）浇封型电气设备。防爆原理是将电气设备有可能产生点燃爆炸性混合物的电弧、火花或能产生高温的部件浇封在浇封剂中，避免这些电气部件与爆炸性混合物接触，从而使电气设备在正常运行或在认可的故障和过载情况下均不能点燃周围的爆炸性混合物。

（9）气密型电气设备。防爆原理是电气设备或电气部件置于气密的外壳内，这种外壳能防止外部可燃性气体进入壳内。

12. 电气防火防爆措施有哪些？

（1）消除或减少爆炸性混合物

1）采取封闭式作业，防止爆炸性混合物泄漏。

2）清理现场积尘、防止爆炸性混合物积累。

3）设计正压室，防止爆炸性混合物进入。

4）在危险空间充填惰性气体或不活泼气体，防止形成爆炸下限的10%时报警等措施。

（2）隔离和间距

1）危险性大的设备应分室安装，并在隔墙上采取封堵措施。

2）电动机隔墙传动、照明灯隔玻璃窗照明。

3）10 kV 及 10 kV 以下的变、配电室不得设在爆炸危险环境的正上方或正下方。

4）室内充油设备油量 60 kg 以下者允许安装在两侧有隔板的间隔内，油量在 60~600 kg 者必须安装在有防爆隔墙的间隔内，油量 600 kg 以上者必须安装在单独的防爆间隔内。

5）变、配电室与爆炸危险环境或火灾危险环境毗连时，门、窗应开向无爆炸或火灾危险的场所。

6）电气装置、特别是高压、充油的电气装置应与爆炸危险区域保持安全距离。变、配电站不应设在容易沉积可燃粉尘或可燃纤维的地方。

（3）消除引燃源

1）按照爆炸危险环境的特征和危险物的级别选用电气设备和设计电气线路。

2）温升和温度不超过允许范围，包括绝缘良好、连接和接触良好、整体完好无损、清洁、标志清晰等。

3）在爆炸危险环境应尽量少用携带式设备和移动式设备。

（4）爆炸危险环境接地

1）在爆炸危险环境应将保护零线与工作零线分开。

2）保护导线的最小截面，铜导体不得小于 4 mm^2，钢导体不得小于 6 mm^2。

3）如低压由不接地系统配电应采用 IT 系统，并装有一相接地时或严重漏电时能自动切断电源的保护装置或能发出声、光双重信号的报警装置。

三、安全设施管理

1. 什么是安全设施？安全设施是如何进行分类的？

安全设施指企业（单位）在生产经营活动中将危险有害因素控制在安全范围内以及预防、减少、消除危害所配备的装置（设备）和采取的措施。

安全设施分为预防事故设施、控制事故设施、减少与消除事故影响设施3类。

2. 预防事故设施包含哪些内容？

（1）检测、报警设施。包括压力、温度、液位、流量、组分等报警设施，可燃气体、有毒有害气体、氧气等检测和报警设施，用于安全检查和安全数据分析等检验检测设备、仪器。

（2）设备安全防护设施。包括防护罩、防护屏、负荷限制器、行程限制器，制动、限速、防雷、防潮、防晒、防冻、防腐、防渗漏等设施，传动设备安全锁闭设施，电气过载保护设施，静电接地设施。

（3）防爆设施。包括各种电气、仪表的防爆设施，抑制助燃物品混入（如氮封）、易燃易爆气体和粉尘形成等设施，阻隔防爆器材，防爆工器具。

（4）作业场所防护设施。包括作业场所的防辐射、防静电、防噪声、通风（除尘、排毒）、防护栏（网）、防滑、防灼烫等设施。

（5）安全警示标志。包括各种指示、警示作业安全和逃生避难及风向等警示标志。

3. 控制事故设施包含哪些内容？

（1）泄压和止逆设施。包括用于泄压的阀门、爆破片、放空管等设施；用于止逆的阀门等设施，真空系统的密封设施。

（2）紧急处理设施。包括紧急备用电源，紧急切断、分流、排放（火炬）、吸收、中和、冷却等设施；通入或者加入惰性气体、反应抑制剂等设施；紧急停车、仪表联锁等设施。

4. 减少与消除事故影响设施包含哪些内容？

（1）防止火灾蔓延设施。包括阻火器、安全水封、回火防止器、防油（火）

堤，防爆墙、防爆门等隔爆设施，防火墙、防火门、蒸汽幕、水幕等设施，防火材料涂层。

（2）灭火设施。包括水喷淋、惰性气体、蒸汽、泡沫释放等灭火设施，消火栓、高压水枪（炮）、消防车、消防水管网、消防站等。

（3）紧急个体处置设施。包括洗眼器、喷淋器、逃生器、逃生索、应急照明等设施。

（4）应急救援设施。包括堵漏、工程抢险装备和现场受伤人员医疗抢救装备。

（5）逃生避难设施。包括逃生和避难的安全通道（梯）、安全避难所（带空气呼吸系统）、避难信号等。

（6）劳动防护用品和装备。包括头部、面部，视觉、呼吸、听觉器官，四肢，躯干防火、防毒、防灼烫，防腐蚀、防噪声、防放射、防高处坠落、防砸击、防刺伤等免受作业场所物理、化学因素伤害的劳动防护用品和装备。

5. 对安全设施日常管理的总体要求有哪些？

安全设施是预防、控制、减少与消除事故的重要措施，其设置程序不仅要满足有关法律法规的要求，在具体设置时还要符合有关技术规范的要求，同时还要做好日常管理，能发挥其应有的作用。在日常管理方面，生产经营单位的各职能部门重点要做好以下工作：

（1）根据《安全生产法》的要求，建设项目的安全设施，必须与主体工程同时设计、同时施工、同时投入生产和使用。

（2）生产经营单位应确保安全设施配备符合国家有关规定和标准，并做到：

1）宜按照《石油化工可燃气体和有毒气体检测报警设计标准》（GB/T 50493—2019）在易燃易爆、有毒区域设置固定式可燃气体、有毒气体的检测报警设施，报警信号应发送至工艺装置、储运设施等控制室或操作室。检测报警系统应独立于其他系统单独设置（GDS 系统）。

2）按照《储罐区防火堤设计规范》（GB 50351—2014）在可燃液体罐区设置防火堤，在酸、碱罐区设置围堤并进行防腐处理。

3）宜按照《石油化工静电接地设计规范》（SH/T 3097—2017）在输送易燃物料的设备、管道安装防静电设施。

4）按照《建筑物防雷设计规范》（GB 50057—2010）在厂区安装防雷设施。

5）按照《建筑设计防火规范（2018 年版）》（GB 50016—2014）、《建筑灭火器配置设计规范》（GB 50140—2005）配置消防设施和器材。

6）按照《爆炸危险环境电力装置设计规范》（GB 50058—2014）设置电力装置。

7）按照《个体防护装备配备规范》（GB 39800.1～4—2020）要求配备个体防护装备。

8）厂房、库房建筑应符合《建筑设计防火规范（2018 年版）》（GB 50016—2014）、《石油化工企业设计防火标准（2018 年版）》（GB 50160—2008）要求。

9）在工艺装置上可能引起火灾、爆炸的部位设置超温、超压等检测仪表、声光报警和安全联锁装置等设施。

（3）涉及危险化工工艺和重点监管危险化学品的化工生产装置要根据风险状况设置安全联锁或紧急停车系统、安全仪表系统等。

（4）安全设施实行安全监督和专业管理相结合的管理方法。

（5）要建立安全设施档案、台账，监督检查安全设施的配备、校验与完好情况，定期组织对安全设施的使用、维护、保养、校验情况进行专业性安全检查。

（6）在安全设施采购时应确保符合设计要求，保证质量，选用工艺技术先进、产品成熟可靠、符合国家标准和规范、有政府部门颁发的生产经营许可的安全设施，其功能、结构、性能和质量应满足安全生产要求；不得选用国家明令淘汰、未经鉴定、带有试用性质的安全设施。

（7）对建设项目中消防、气防设施“三同时”制度执行情况进行监督检查，做好消防、气防设施更新、停用（临时停用）、报废的审查备案，建立消防、气防设施档案和台账，组织编制和修订消防、气防设施安全操作规定，定期对相关岗位员工进行培训，确保正确使用。

（8）制定安全设施更新、停用（临时停用）、拆除、报废管理制度，认真落实安全设施管理使用的有关规定，严格执行安全设施更新、校验、检修、停用

(临时停用)、拆除、报废申报程序。要按照用途及配备数量，将安全设施放置在规定的使用位置，确定管理人员和维护责任，不允许挪作他用，严禁擅自拆除、停用（临时停用）安全设施。要定期对安全设施进行检查，并配合校验及维护工作，确保安全设施完好，并经常组织对操作员工进行正确使用安全设施的技术培训，定期开展岗位练兵和应急演练，不断提高员工使用安全设施的技能。

（9）安全设施应编入设备检维修计划，定期检维修。安全设施不得随意拆除、挪用或弃置不用，因检维修拆除的，检维修完毕后应立即复原。

（10）在防爆场所选用的安全设施，应取得国家指定防爆检验机构发放的防爆许可证，并达到安装、使用场所的防爆等级要求。在设计安全设施的安装位置、方式时，应充分考虑员工操作、维护的安全需要。

（11）安全设施校验的单位和人员应取得国家和行业规定的相应资质，校验用校验仪器、校验方法和校验周期等符合标准、规范要求。

（12）生产经营单位不得关闭、破坏直接关系生产安全的监控、报警设施。

思考题

1. 企业在设备完好性管理的主要内容有哪些？
2. 企业在可燃气体和有毒气体存在的环境应该如何设置检测报警仪？
3. 企业如何对安全设施进行管理？

第四节　危险化学品泄漏控制

一、泄漏分类

什么是逸散性泄漏？什么是源设备泄漏？

化工生产过程中的泄漏主要包括易挥发物料的逸散性泄漏和各种物料的源设备泄漏两种形式。

逸散性泄漏主要是易挥发物料从装置的阀门、法兰、机泵、人孔、压力管道焊接处等密闭系统密封处发生非预期或隐蔽泄漏；源设备泄漏主要是物料非计划、不受控制地以泼溅、渗漏、溢出等形式从储罐、管道、容器、槽车及其他用于转移物料的设备进入周围空间，产生无组织形式排放（设备失效泄漏是源设备泄漏的主要表现形式）。

二、泄漏风险管理

1. 如何认识加强危险化学品泄漏管理的重要性？

加强泄漏管理是确保化工企业安全生产的必然要求。化工企业生产工艺过程复杂，工艺条件苛刻，设备管道种类和数量多，工艺波动、违规操作、使用不当、设备失效、缺乏正确维护等情况均可造成易燃易爆、有毒有害介质泄漏，从而导致事故发生。

加强泄漏管理是预防事故发生的有效措施。泄漏是引起化工企业火灾、爆炸、中毒事故的主要原因，要树立“泄漏就是事故”的理念，从源头上预防和控制泄漏，减少作业人员接触有毒有害物质，提升化工企业本质安全水平。

2. 化工企业泄漏管理的主要内容有哪些?

化工企业泄漏管理主要包括泄漏检测与维修，以及源设备泄漏管理两个方面。要通过预防性、周期性的泄漏检测发现早期泄漏并及时处理，避免泄漏发展为事故。

泄漏检测与维修管理工作包括配备检测仪器、培训检测人员、建立泄漏检测目录、编制泄漏检测与维修计划、验证维修效果等。

源设备泄漏管理工作包括泄漏原因的调查和处理、泄漏事件的评定和上报、泄漏率统计、泄漏绩效考核等。泄漏检测维修工作要实行 PDCA 循环（戴明环）管理方式。对所有的泄漏事件都要参照事故调查要求严格管理。

3. 针对泄漏风险管理，应从哪些方面开展工作?

（1）全面开展泄漏危险源辨识与风险评估。企业要依据有关标准、规范，组织工程技术和管理人员或委托具有相应资质的设计、评价等中介机构，对可能存在的泄漏风险进行辨识与评估，结合企业实际设备失效数据或历史泄漏数据分析，对风险分析结果、设备失效数据或历史泄漏数据进行分析，辨识出可能发生泄漏的部位，结合设备类型、物料危险性、泄漏量对泄漏部位进行分级管理，提出具体防范措施。当工艺系统发生变更时，要及时分析变更可能导致的泄漏风险并采取相应措施。

（2）全面开展化工设备逸散性泄漏检测及维修。企业要根据逸散性泄漏检测的有关标准、规范，定期对易发生逸散性泄漏的部位（如管道、设备、机泵等密封点）进行泄漏检测，排查出发生泄漏的设备要及时维修或更换。企业要实施泄漏检测及维修全过程管理，对维修后的密封进行验证，达到减少或消除泄漏的目的。

（3）加强化工装置源设备泄漏管理，提升泄漏防护等级。企业要根据物料危险性和泄漏量对源设备泄漏进行分级管理、记录统计。对于发生的源设备泄漏事件要及时采取消除、收集、限制范围等措施，对于可能发生严重泄漏的设备，要第一时间采取切断泄漏源的技术手段和防护性措施。企业要实施源设备泄漏事件处置的全过程管理，加强对生产现场的泄漏检查，努力降低各类泄漏事件发生率。

（4）规范工艺操作行为，降低泄漏概率。操作人员要严格按安全操作规程进行操作，避免工艺参数大的波动。装置开车过程中，对高温设备要严格按升温曲线要求控制温升速度，按安全操作规程要求对法兰、封头等部件的螺栓进行逐级热紧；对低温设备要严格按降温曲线要求控制降温速度，按安全操作规程要求对法兰、封头等部件的螺栓进行逐级冷紧。要加强开停车和设备检修过程中泄漏检测监控工作。

（5）加强泄漏管理培训。企业要开展涵盖全员的泄漏管理培训，不断增强员工的泄漏管理意识，掌握泄漏辨识和预防处置方法。新员工要接受泄漏管理培训后方能上岗。当工艺、设备发生变更时，要对相关人员及时培训。对负责设备泄漏检测和设备维修的员工进行泄漏管理专项培训。

（6）建立泄漏常态化管理机制。要根据企业实际情况制订泄漏管理的工作目标，制订工作计划，责任落实到人，保证资金投入，统筹安排、严格考核，将泄漏管理与工艺、设备、检修、隐患排查等管理相结合，并在岗位安全操作规程中体现查漏、消漏、动静密封点泄漏率控制等要求。

（7）建立和完善泄漏管理责任制。建立健全并严格执行以企业主要负责人为第一责任人、分管负责人为责任人、相关部门及人员责任明确的泄漏管理责任制。

（8）建立和不断完善泄漏检测、报告、处理、消除等闭环管理制度。建立定期检测、报告制度，对于装置中存在泄漏风险的部位，尤其是受冲刷或腐蚀容易减薄的物料管线，要根据泄漏风险程度制订相应的周期性测厚和泄漏检测计划，并定期将检测记录的统计结果上报给企业的生产、设备和安全管理部门，所有记录数据要真实、完整、准确。企业发现泄漏要立即处置、及时登记、尽快消除，不能立即处置的要采取相应的防范措施并建立设备泄漏台账，限期整改。加强对有关管理规定、安全操作规程、作业指导书和记录文件，以及采用的检测和评估技术标准等泄漏管理文件的管理。

（9）建立激励机制。企业要鼓励员工积极参与泄漏隐患排查、报告和治理工作，充分调动全体员工的积极性，实现全员参与。

（10）建立和完善化工装置泄漏报警系统。企业要按照《石油化工可燃气体和有毒气体检测报警设计标准》（GB/T 50493—2019）和《工作场所有毒气体检测报警装置设置规范》（GBZ/T 223—2009）等标准的要求，在生产装置、储运、公用工程和其他可能发生有毒有害、易燃易爆物料泄漏的场所，安装相关气体检测报警系统，重点场所还要安装视频监控设备。要将法定检验与企业自检相结合，现场检测报警装置要设置声光报警，保证报警系统的准确、可靠性。

（11）建立规范、统一的报警信息记录和处理程序。操作人员接到报警信号后，要立即通过工艺条件和控制仪表变化判别泄漏情况，评估泄漏程度，并根据泄漏级别启动相应的应急处置预案。操作人员和管理人员要对报警及处理情况做好记录，并定期对所发生的各种报警和处理情况进行分析。

（12）建立泄漏事故应急处置程序，有效控制泄漏后果。企业要充分辨识安全风险，完善应急预案，对于可能发生泄漏的受限空间，应当编制专项应急预案并组织进行预案演练，完善事故处置物资储备。要设置符合国家标准规定的泄漏物料收集装置，对泄漏物料要妥善处置，如采取带压堵漏、快速封堵等安全技术措施。对于高风险、不能及时消除的泄漏，要果断停车处置。处置过程中要做好检测、防火防爆、隔离、警戒、疏散等相关工作。

（13）加强泄漏管理内部审核。企业要对泄漏台账、目标责任书、作业文件、现场检测或检查记录等泄漏管理文件定期进行审核，对作业现场进行抽检抽查，核实检测或检查记录的可靠性，对泄漏管理系统进行内部审计。

（14）加强对泄漏管理的检查考核。企业要加强对泄漏管理过程、结果的检查考核，确保泄漏管理实现持续改进。企业要按泄漏控制目标的量化要求，对各部门和岗位的泄漏管理状况进行绩效考核。

思考题

1. 试分析企业生产装置哪些部位容易发生泄漏。采取的措施是否满足要求？

2. 企业如何从防物料泄漏入手，避免生产安全事故的发生？

第四章
职业危害及预防

第一节　职业病危害因素及危害特性

一、职业病危害因素的识别

1. 化工生产过程中主要存在哪些职业病危害因素?

根据《职业病危害因素分类目录》，职业病危害因素共分为六大类，即粉尘、化学因素、物理因素、放射性因素、生物因素和其他因素。

按来源分，生产过程中产生的危害因素包括：

(1) 化学因素。包括生产性粉尘和化学有毒物质。生产性粉尘如矽尘、煤尘、电焊烟尘等；化学有毒物质如铅、汞、锰、苯、一氧化碳、硫化氢、甲醛、甲醇等。

(2) 物理因素。如异常气象条件（高温、高湿、低温）、异常气压、噪声、振动、辐射等。

(3) 生物因素。包括生产原料和作业环境中存在的致病微生物或寄生虫。

生产性毒物在生产过程中，可在原料、辅料、产品、副产品、废气、废渣中存在，在装置排污、污水处理和设备泄漏等作业中，接触毒物的机会较多；在检维修作业前对设备进行吹扫置换时，会释放出有害气体；在生产过程中，由于意外事故的发生，可能造成大量毒物泄漏，也增加人员接触毒物的机会。

2. 化工生产过程中存在的职业病危害因素有哪些危害？

生产性粉尘包括无机粉尘和有机粉尘。粉尘对人体有多方面的不利影响，尘肺是由于人体吸入生产性粉尘引起的以肺的纤维化为主要变化的职业病。尤其是含有游离二氧化硅的粉尘，能引起严重的职业病——矽肺。

生产性毒物进入机体后，能与机体组织发生化学或物理作用，破坏正常生理功能，引起机体暂时的或长期的病理状态。生产性毒物侵入人体的途径包括经呼吸道吸入、经皮吸收和经口食入3种。毒物的危害性不仅取决于毒物的毒性，还受生产条件、劳动者个体差异的影响。

噪声多为在生产过程中，由于机器转动、气体排放等原因产生。长时间接触噪声，可能造成噪声聋，并可能引起人体其他器官或机能的异常，出现不可逆、病理性损伤。高温环境下长时间作业，可能会导致体温调节和人体水盐代谢的紊乱，使体内水分和盐分大量流失，引发中暑。长时间在低温环境下作业，超过人体耐受能力，会造成人员失温，动作不灵活而导致事故发生。

二、职业危害防护

1. 法律法规在职业病危害防治方面有哪些要求？

（1）《中华人民共和国宪法》规定，国家通过各种途径，创造劳动就业条件，加强劳动保护，改善劳动条件，并在发展生产的基础上，提高劳动报酬和福利待遇。这是对我国职业安全卫生工作的总体要求。

（2）《中华人民共和国职业病防治法》（以下简称《职业病防治法》）明确了劳动者依法享有职业卫生保护的权利。用人单位应当为劳动者创造符合国家职业卫生标准和卫生要求的工作环境和条件，并采取措施保障劳动者获得职业卫生保护。第五条要求用人单位应当建立、健全职业病防治责任制，加强对职业病防治的管理，提高职业病防治水平。第七条要求用人单位必须依法参加工伤保险。

（3）《中华人民共和国劳动法》要求用人单位必须建立、健全劳动安全卫生制度，严格执行国家劳动安全卫生规程和标准，对劳动者进行劳动安全卫生教育，防止劳动过程中的事故，减少职业危害。第五十三条要求新建、改建、扩建工程的劳动安全卫生设施必须与主体工程同时设计、同时施工、同时投入生产和使用。第五十四条要求用人单位必须为劳动者提供符合国家规定的劳动安全卫生条件和必要的劳动防护用品，对从事有职业危害作业的劳动者应当定期进行健康检查。

（4）《中华人民共和国尘肺病防治条例》规定，凡有粉尘作业的企业、事业单位应采取综合防尘措施和无尘或低尘的新技术、新工艺、新设备，使作业场所的粉尘浓度不超过国家卫生标准。

2. 对于有毒作业场所，国家规定的管理要求有哪些？

根据《使用有毒物品作业场所劳动保护条例》（中华人民共和国国务院令第352号）的要求，对于有毒作业场所，需要采取的管理要求有：

（1）用人单位的使用有毒物品作业场所，除应当符合《职业病防治法》规定的职业卫生要求外，还必须符合下列要求：

1）作业场所与生活场所分开，作业场所不得住人。

2）有害作业与无害作业分开，高毒作业场所与其他作业场所隔离。

3）设置有效的通风装置；可能突然泄漏大量有毒物品或者易造成急性中毒的作业场所，设置自动报警装置和事故通风设施。

4）高毒作业场所设置应急撤离通道和必要的泄险区。

（2）使用有毒物品作业场所应当设置黄色区域警示线、警示标识和中文警示说明。警示说明应当载明产生职业中毒危害的种类、后果、预防以及应急救治措施等内容；高毒作业场所应当设置红色区域警示线、警示标识和中文警示说明，并设置通信报警设备。

（3）用人单位应当确保职业中毒危害防护设备、应急救援设施、通信报警装置处于正常适用状态，不得擅自拆除或者停止运行。应当对所列设施进行经常性的维护、检修，定期检测其性能和效果，确保其处于良好运行状态。职业中毒危害防护设备、应急救援设施和通信报警装置处于不正常状态时，用人单位应当立即停止使用有毒物品作业；恢复正常状态后，方可重新作业。

3. 职业病危害因素控制措施有哪些？

职业病危害因素控制，应优先考虑从源头上防止劳动者接触各类职业病危害因素，改善可能引起健康损害的作业环境。其中工程控制是从源头上防治职业病的重要手段之一。针对粉尘、化学毒物、噪声与振动、高温等职业病危害因素，从工程控制上采取相应的防护措施，主要包括工业通风、工业除尘、工业噪声与振动控制等卫生工程防护措施。

（1）工业通风。通风是控制工业有害物、防尘、防毒、防暑降温的主要技术措施，主要是把生产活动中受污染的空气排出，把清洁空气送入，以保证劳动者生产环境所需的劳动条件合乎要求。当工作场所有害气体、粉尘浓度相对较低或气温、湿度较高时，可采用自然通风方式；机械通风可根据不同要求提供动力，对不同成分的空气进行加热、冷却、加湿、净化处理。

（2）工业除尘。将含尘气体通过除尘器，使固体颗粒从气流中分离出来，主要用于燃煤锅炉烟气、装卸与粉碎工艺颗粒物的捕集与去除。

（3）噪声控制

1）声源降噪。采用低噪声材料、选用低噪声设备、利用低噪声工艺等措施，可以从源头进行噪声控制。

2）传播途径控制。通过厂区合理布局、利用屏障阻止噪声传播和绿色降噪等方法，从规划管理上采取措施，也可以直接采取吸声、隔声、减振和消声等技术措施降噪。

3）对接触噪声者的保护。可以采取佩戴护耳器或在隔声间操作等措施对员工加以保护。

思考题

1. 结合自身企业、操作岗位生产特点，辨识出存在的职业病危害因素及分布场所。

2. 在职业病危害防护方面，应如何履行好安全管理人员的职责？

3. 企业如何做好职业卫生管理工作？

第二节　个体防护装备管理

一、个体防护装备的配备

1. 个体防护装备有哪些类别?

个体防护是在生产条件无法消除各种危险和职业病危害因素的情况下，为保障从业人员的安全与健康所设置的最后一道防线。

劳动防护用品按照用途分类，一般分为防坠落用品（如安全带、安全网）、防冲击用品（如安全帽）、防触电用品（如绝缘服、绝缘鞋）、防机械外伤用品（如防护服、手套等）、防酸碱用品（耐酸碱手套、靴等）、耐油用品（如耐油工作服）、防水用品（如雨衣、雨靴）、防寒用品（如防寒服、鞋、帽）等。

以人体防护部位分类，分为头部防护用品（如防护帽、安全帽等）、呼吸器官防护用品（如防尘口罩、防毒口罩等）、眼面部防护用品（如面罩、护目镜等）、听觉器官防护用品（如耳塞、耳罩等）、手部防护用品（如各类手套）、足部防护用品（如防尘鞋、防寒鞋、电绝缘鞋等）、躯干防护用品（如防水服、防寒服、阻燃服等）、护肤用品和防坠落用品（如安全网、安全带等）。

2. 法律法规、标准、规范对岗位配备个体防护装备管理方面是如何规定的?

（1）《职业病防治法》规定，用人单位必须采用有效的职业病防护设施，并为劳动者提供个人使用的职业病防护用品。用人单位为劳动者个人提供的职业病防护用品必须符合防治职业病的要求，不符合要求的，不得使用。

（2）《个体防护装备配备规范　第 1 部分：总则》（GB 39800. 1—2020）规

定了个体防护装备的配备原则。即：

1）用人单位为作业人员配备的个体防护装备应与作业场所的环境状况、作业状况、存在的危害因素和危害程度相适应，应与作业人员相适合，且个体防护装备不应导致其他额外的风险。

2）用人单位应对其使用的劳务派遣工、临时聘用人员、接纳的实习生和允许进入作业地点的其他外来人员进行个体防护装备的配备及管理。

3）在作业过程中发现其他危害因素，现有个体防护装备不能满足作业安全要求，需要另外配备时，应立即停止相关作业，配备相应的个体防护用品后，方可继续作业。

3. 如何选用个体防护装备？

《个体防护装备配备规范　第 2 部分：石油、化工、天然气》（GB 39800. 2—2020）规定了化工企业个体防护装备的配备要求：

（1）对于涉及易燃易爆场所的作业，应配备安全帽、防静电工作帽、自给开路式压缩空气呼吸器、自吸过滤式防毒面具、自吸过滤式防颗粒物呼吸器、职业眼面部防护具、安全鞋、防静电工作服、化学防护服、阻燃服、防化学品手套、防静电手套。

（2）对于吸入性气相毒物作业，应配备长管呼吸器、动力送风过滤式呼吸器、自给闭路式压缩氧气呼吸器、自给闭路式氧气逃生呼吸器、自给开路式压缩空气呼吸器、自吸过滤式防毒面具、自给开路式压缩空气逃生呼吸器、职业眼面部防护具、防化学品手套、化学防护服。

（3）对于吸入性粉尘作业，应配备动力送风过滤式呼吸器、自吸过滤式防颗粒物呼吸器、职业眼面部防护具。

（4）对于腐蚀性作业，应配备职业眼面部防护具、防化学品手套、防化学品鞋、化学防护服。

二、个体防护装备的管理

1. 企业应如何做好个体防护装备的发放管理工作？

根据《个体防护装备配备规范　第 1 部分：总则》（GB 39800. 1—2020），

用人单位应从以下几个方面做好个体防护装备的管理工作：

（1）建立健全个体防护装备管理制度，至少包括采购、验收、保管、选择、发放、使用、报废、培训等内容。

（2）明确责任部门和责任人，建立健全个体防护装备管理档案。

（3）出现以下情况之一，用人单位应给予判废和更换新品：

1）个体防护装备经检验或检查被判定为不合格。

2）个体防护装备超过有效期。

3）个体防护装备功能已失效。

4）个体防护装备的使用说明书中规定的其他判废或更换条件。

2. 企业应如何做好个体防护装备使用管理工作？

根据《个体防护装备配备规范　第1部分：总则》（GB 39800.1—2020），用人单位应对发放的个体防护装备的使用方式进行培训，确保作业人员正确使用。

（1）用人单位应制订培训计划和考核办法，并建立和保留培训和考核记录。

（2）用人单位应按计划定期对作业人员进行培训，包括个体防护装备的选择，防护效果，使用方法及维护，保养方法，检查方法等。

（3）当有新员工入职、员工转岗、个体防护装备配备发生变化、法律法规及标准发生变化时，要及时进行针对性培训。

（4）在使用个体防护装备前，作业人员应对个体防护装备进行检查，确保个体防护装备能够正常使用。

（5）用人单位应按照产品使用说明书的有关内容和要求，指导并监督个体防护装备使用人员对在用的个体防护装备进行正确的日常维护和使用前的检查，对必须由专人负责的，应指定受过培训的合格人员负责日常检查和维护。

思考题

1. 如何做好个体防护装备的维护保养工作？
2. 如何正确使用个体防护装备？

第五章
应急与事故事件管理

第一节　应急预案及应急演练

一、应急预案管理

1. 什么是生产经营单位应急预案？包括哪些内容？

生产经营单位应急预案是指生产经营单位针对可能发生的事故，为最大限度减少事故损害而预先制定的应急准备工作方案。

生产经营单位应急预案分为综合应急预案、专项应急预案和现场处置方案。

综合应急预案是指生产经营单位为应对各种生产安全事故而制定的综合性工作方案，是本单位应对生产安全事故的总体工作程序、措施和应急预案体系的总纲。

专项应急预案是指生产经营单位为应对某一种或者多种类型的生产安全事故，或者针对重要生产设施、重大危险源、重大活动防止生产安全事故而制定的专项性工作方案。

现场处置方案是指生产经营单位根据不同生产安全事故类型，针对具体场所、装置或者设施所制定的应急处置措施。

2. 什么是数字化应急预案系统？

数字化预案就是利用计算机技术和网络信息技术，形成全面、具体、针对性强的直观高效的应急预案，使预案的制定和执行达到规范化、可视化的水平，缩短应急预案的编制周期，并提高预案的可操作性。其重要性体现为 4 个方面：

（1）文本预案通常是对应急处置过程和职责的概要描述，数字化预案可以根据每次的事态发展制定具体的行动方案。

（2）可以根据事态的发展演变及时进行动态调整，提供尽量详尽的步骤和信息，尽量贴近应急真实情况，并将更新过的行动方案迅速通知有关人员和部门。

（3）数字化预案不但可以灵活地运用于指挥系统，历次数字化预案的积累还可以作为日常培训和演练的依据。

（4）能够更加容易地根据真实情况下的行动方案对预案进行修正和调整。让预案的建立、修改、更新、升级更加方便、快捷。

数字化预案系统的主要目标在于加快信息传播、提高行动速度，从而改进决策的合理性、科学性。从实质上来说，数字化预案系统要完成的工作就是通过加强信息共享、帮助作出正确决策，并迅速传达指令、获得及时准确的反馈信息。通过应急预案管理系统在互联网上及办公局域网上的交互平台，下级单位可以及时更新预案数据，上级管理部门通过预案系统检索到最新的预案文本信息及预案的其他周边信息。通过上下级之间的交互平台，真正实现了应急预案的动态化管理，政府管理部门能够及时掌握生产经营单位、重大危险源和应急预案变化情况。

3. 应急预案的作用是什么?

（1）应急预案确定了应急救援的范围和体系，使应急管理不再无据可依、无章可循。尤其是通过培训和演习，可以使应急人员熟悉自己的任务，具备完成指定任务所需的相应能力，并检验预案和行动程序，评估应急人员的整体协调性。

（2）应急预案有利于做出及时的应急响应，降低事故后果。应急预案预先明确了应急各方的职责和响应程序，在应急资源等方面进行了先期准备，可以指导应急救援迅速、高效、有序地开展，将事故的人员伤亡、财产损失和环境破坏降到最低限度。

（3）应急预案是各类突发重大事故的应急基础。通过编制应急预案，可以对那些事先无法预料到的突发事故起到基本的应急指导作用。在此基础上，可以针对特定事故类别编制专项应急预案，并有针对性地开展专项应急准备活动。

（4）应急预案建立了上级单位和部门应急救援体系的衔接。通过编制应急预案，可以确保当发生超过本级应急能力的重大事故时与有关应急机构的联系和协调。

（5）应急预案有利于提高风险防范意识。应急预案的编制、评审、发布、宣传、教育和培训，有利于各方了解可能面临的重大事故及其相应的应急措施，有利于促进各方提高风险防范意识和能力。

4. 应急预案的编制原则和要求是什么？

根据《生产经营单位生产安全事故应急预案编制导则》（GB/T 29639—2020）的要求，应急预案的编写应当遵循以人为本、依法依规、符合实际、注重实效的原则，以应急处置为核心，体现自救互救和先期处置的特点，做到职责明确、程序规范、措施科学，尽可能简明化、图表化、流程化。

应急预案的编制应明确应急职责、规范应急程序、细化保障措施。应当符合下列基本要求：

（1）符合有关法律、法规、规章和标准的规定。

（2）结合本地区、本部门、本单位的安全生产实际情况。

（3）充分考虑本地区、本部门、本单位的危险性分析情况。

（4）充分考虑历次应急演练的结果。

（5）充分考虑以往事件与事故的原因分析。

（6）借鉴行业内的良好作业实践，考虑其他地区、其他公司出现过的事故。

（7）应急组织和人员的职责分工明确，并有具体的落实措施。

（8）有明确、具体的应急程序和处置措施，并与其应急能力相适应。

（9）有明确的应急保障措施，满足本地区、本部门、本单位的应急工作需要。

（10）应急预案基本要素齐全、完整，应急预案附件提供的信息准确。

（11）应急预案内容与相关应急预案相互衔接。

（12）预案中应包含在应急准备、应急响应、应急恢复与事故调查各个阶段的信息沟通与公众信息通报内容。

5. 应急预案的编制步骤是什么？

应急预案的编制应遵循以下几个步骤：

（1）调查研究。在制定预案之前，需对预案所涉及的区域进行全面调查。调查内容主要包括：危险化学品的种类、数量、分布状况；当地的气象、地理、环境和人口分布特点；社会公用设施及救援能力与资源现状等。

（2）危险源评估。在制定预案之前，应组织有关领导和专业人员对危险源进行科学评估，以确定危险源目标，探讨救援对策，为制定预案提供科学依据。

（3）分析总结。对调查得来的各种资料，组织专人进行分类汇总，做好调查分析和总结，为制定预案做好准备。

（4）编制预案。视救援目标的种类和危险度，结合本企业的救援能力，编制相应的应急救援预案。

（5）科学评估。编制的预案需组织专家评审，并经修改完善后，报企业领导审定。

（6）审核实施。预案经企业领导审校批准后，正式颁布实施。

二、应急预案的评审、备案、实施和修订

1.《生产安全事故应急条例》对企业应急预案管理的要求有哪些？

（1）生产安全事故应急救援预案编制要求。《生产安全事故应急条例》第五条规定，生产经营单位应当针对本单位可能发生的生产安全事故的特点和危害，进行风险辨识和评估，制定相应的生产安全事故应急救援预案，并向本单位从业人员公布。第六条规定，生产安全事故应急救援预案应当符合有关法律、法规、规章和标准的规定，具有科学性、针对性和可操作性，明确规定应急组织体系、职责分工以及应急救援程序和措施。

有下列情形之一的，生产安全事故应急救援预案制定单位应当及时修订相关预案：

1）制定预案所依据的法律、法规、规章、标准发生重大变化。

2）应急指挥机构及其职责发生调整。

3）安全生产面临的风险发生重大变化。

4）重要应急资源发生重大变化。

5）在预案演练或者应急救援中发现需要修订预案的重大问题。

6）其他应当修订的情形。

（2）生产安全事故应急救援预案备案要求。《生产安全事故应急条例》第七条规定，易燃易爆物品、危险化学品等危险物品的生产、经营、储存、运输单位，应当将其制定的生产安全事故应急救援预案按照国家有关规定报送县级以上人民政府负有安全生产监督管理职责的部门备案，并依法向社会公布。

（3）生产安全事故应急预案演练要求。《生产安全事故应急条例》第八条规定，易燃易爆物品、危险化学品等危险物品的生产、经营、储存、运输单位，应当至少每半年组织一次生产安全事故应急救援预案演练，并将演练情况报送所在地县级以上地方人民政府负有安全生产监督管理职责的部门。

2. 生产经营单位如何实施应急预案？

应急预案编制完成并经评审后，按规定报有关部门备案，并经生产经营单位主要负责人签署发布实施。

应急预案的实施包括：开展预案的宣传贯彻；进行预案的培训；落实和检查各个有关部门的职责、程序和资源准备；组织预案的演练；定期评审和更新预案等。

根据《生产安全事故应急预案管理办法》（应急管理部令第 2 号）的规定，对生产经营单位应急预案的实施要求如下：

（1）生产经营单位应当采取多种形式开展应急预案的宣传教育，普及生产安全事故预防、避险、自救和互救知识，提高从业人员安全意识和应急处置技能。

（2）生产经营单位应当组织开展本单位的应急预案培训活动，使有关人员了解应急预案内容，熟悉应急职责、应急程序和岗位应急处置方案，应急预案的要点和程序应当张贴在应急地点和应急指挥场所，并设有明显的标志。

（3）生产经营单位应当制订本单位的应急预案演练计划，根据本单位的事故预防重点，每年至少组织一次综合应急预案演练或者专项应急预案演练，每半年至少组织一次现场处置方案演练，并将演练情况报送所在地县级以上地方人民政府负有安全生产监督管理职责的部门。

（4）应急预案演练结束后，应急预案演练组织单位应当对应急预案演练效果进行评价，撰写应急预案演练评价报告，分析存在的问题，并对应急预案提出修订意见。

三、应急演练及评估

1. 生产安全事故应急演练的目的是什么？

根据《生产安全事故应急演练基本规范》（AQ/T 9007—2019）的规定，应急演练的目的在于验证应急预案的可行性，符合实际情况程度，目的如下：

（1）检验应急预案。发现应急预案中存在的问题，提高应急预案的针对性、实用性和可操作性。

（2）完善准备。完善应急管理标准制度，改进应急处置技术，补充应急装备和物资，提高应急能力。

（3）磨合机制。完善应急管理部门、相关单位和人员的工作职责，提高协调配合能力。

（4）宣传教育。普及应急管理知识，提高参演和观摩人员风险防范意识和自救互救能力。

（5）锻炼队伍。熟悉应急预案，提高应急人员在紧急情况下妥善处置事故的能力。

（6）通过演练可以发现预案中存在的问题，为修正应急预案提供实际资料。尤其是通过演习后的讲评、总结，可以暴露应急预案中未曾考虑到的问题和找出改正的建议，这是提高应急预案质量重要的步骤。

2. 应急演练的基本要求和内容是什么？

预案只是预想的作战方案，实际效果如何，还需要用实践来验证。

（1）基本要求。根据《生产安全事故应急预案管理办法》（应急管理部令第2号），生产经营单位应当制订本单位的应急预案演练计划，根据本单位的事故预防重点，每年至少组织一次综合应急预案演练或者专项应急预案演练，每半年至少组织一次现场处置方案演练；应急预案演练结束后，危险化学品单位应当对应急预案演练效果进行评估，撰写应急预案演练评估报告，分析存在的问题，对应急预案提出修订意见，并及时修订完善。

应急演练是一项复杂的系统工程，为了使演练得到预期整体的效果，演练的计划必须细致周密，要把各级应急救援力量和应该配备的器材组成统一的整体。

（2）基本内容。应急演练基本内容是根据演练的任务要求和规模而定的，一般应考虑的内容是：各演练活动时间顺序合乎逻辑性；各演练单位相互支援、配合及协调程度；系统运行情况；厂内应急情景；急救与医疗；厂内洗消；染毒空气监测与化验；事故区清点人数及人员控制；防护指导，通信及报警信号联络；各种标志布设；交通控制及交通道口的管理；治安工作；演练资料汇总；演练总结。

3. 应急演练的类型有哪些？

应急演练按演练的形式分为桌面演练和实战演练。

（1）桌面演练。桌面演练是由应急组织的代表或关键岗位人员参加，按照应急预案及其标准工作程序讨论紧急情况时应采取行动的演练活动。桌面演练的特点是对演练情景进行口头演练，一般是在会议室内举行。其主要目的是锻炼参演人员解决问题的能力，以及解决应急组织相互协作和职责划分的问题。

桌面演练一般仅限于有限的应急响应和内部协调活动，应急人员主要来自本地应急组织，事后一般采取口头评论形式收集参演人员的建议，并提交一份简短的书面报告，总结演练活动和提出有关改进应急响应工作的建议。桌面演练方法成本较低，主要为功能演练和实战演练做准备。

（2）实战演练。实战演练是指针对某项应急响应功能或其中某些应急响应行动举行的演练活动，主要目的是针对应急响应功能，检验应急人员以及应急体系的策划和响应能力。例如，指挥和控制功能的演练，其目的是检测、评价多个政府部门在紧急状态下实现集权式的运行和响应力，演练地点主要集中在若干个应急指挥中心或现场指挥部，并开展有限的现场活动，调用有限的外部资源。

实战演练比桌面演练规模要大，需动员更多的应急人员和机构，因而协调工作的难度也随着更多组织的参与而加大。演练完成后，除采取口头评论形式外，还应向地方提交有关演练活动的书面汇报，提出改进建议。

4. 实战演练的工作程序有哪些？

（1）全体演练单位及观摩人员集中到指定区域待命。

（2）报警：发生化学品应急事故，向应急指挥部报告。

（3）应急指挥部下达启动相应的应急预案指令。

（4）交通治安管理组进行交通管制，设置警戒区域，除应急抢险人员和车辆外，其他人员和车辆不得进入该危险区域，对灾区实施治安巡逻，保证灾区安全。

（5）应急抢险组发出警报信息，紧急通知危险区域的员工按原定的路线有序安全转移，组织应急小分队火速赶往灾区，按照原定的编制序列目标任务快速赶到事故区域实施抢救，迅速组织事故区域人员和物资快速有序安全撤离到各安置点。

（6）事故调查监测组继续跟踪监测事故情况，有情况及时报告。

（7）医疗卫生组组织医疗卫生紧急抢救队伍进入事故区域，进行伤病员的抢救及转移工作。

（8）后勤物资保障组负责转移到各临时安置点灾民的安置工作，确保救灾抢险指挥的通信与网络的畅通。

（9）做好撤离、应急抢救、交通治安、后勤保障、医疗卫生和事故调查监测等应急演练的各项记录。

（10）由应急总指挥宣布演练结束。

5. 应急演练计划应如何制订？

企业主要负责人负责组织制订应急演练计划，并监督实施。

（1）需求分析。全面分析和评估应急预案、应急职责、应急处置工作流程和指挥调度程序、应急技能和应急装备、物资的实际情况，提出需通过应急演练解决的内容，有针对性地确定应急演练目标，提出应急演练的初步内容和主要科目。

（2）明确任务。确定应急演练的事故情景类型、等级、发生地域演练方式，参演单位应急演练各阶段主要任务，应急演练实施的拟定日期。

（3）制订计划。根据需求分析及任务安排组织人员编制演练计划文本。

6. 应急演练准备内容有哪些？

根据《生产安全事故应急演练基本规范》（AQ/T 9007—2019）的要求，应急演练准备内容有：

（1）成立演练组织机构，综合演练通常应成立演练领导小组，负责演练活动筹备和实施过程中的组织领导工作，审定演练工作方案、演练工作经费、演练评估总结以及其他需要决定的重要事项。演练领导小组下设策划与导调组、宣传组、保障组、评估组。根据演练规模大小，其组织机构可进行调整。

（2）编制文件，主要编写工作方案、演练脚本、评估方案、观摩方案、观摩手册、宣传方案等。

（3）做好演练工作保障，包括人员、经费、物资、安全、通信保障等相关事项。

7. 应急演练评估方案的内容有哪些？

（1）演练信息。目的和目标情景描述，应急行动与应对措施简介。

（2）评估内容。各种准备、组织与实施、效果。

（3）评估标准。各环节应达到的目标评判标准。

（4）评估程序。主要步骤及任务分工。

（5）附件。所需要用到的相关表格。

8. 应急演练工作总结报告的内容有哪些？

应急演练结束后，演练组织单位应根据演练记录、演练评估报告、应急预案现场总结材料，对演练进行全面总结并形成演练书面总结报告。报告可对应急演练准备、策划工作进行简要总结分析。主要负责人对演练总结报告进行审批，监督演练存在问题整改措施的落实。应急演练总结报告的主要内容有：

（1）演练基本概要。演练的组织及承办单位、演练形式、演练模拟的事故名称、发生的时间和地点、事故过程的情景描述、主要应急行动等。

（2）演练评估过程。演练评估工作的组织实施过程和主要工作安排。

（3）演练情况分析。依据演练评估表格的评估结果，从演练的准备及组织实施情况、参演人员表现等方面具体分析好的做法和存在的问题以及演练目标的实现、演练成本效益分析等。

（4）改进的意见和建议。对演练评估中发现的问题提出整改的意见和建议。

（5）评估结论。对演练组织实施情况的综合评价，并给出优（无差错地完成了所有应急演练内容）、良（达到了预期的演练目标，差错较少）、中（存在明显缺陷，但没有影响实现预期的演练目标）、差（出现了重大错误，演练预期目标受到严重影响，演练被迫中止，造成应急行动延误或资源浪费）等评估结论。

应急演练活动结束后，演练组织单位应将应急演练工作方案、应急演练书面评估报告、应急演练总结报告等文字资料以及记录演练实施过程的相关图片视频、音频资料归档保存。

思考题

1. 危险化学品企业如何组织编制应急救援预案？
2. 请撰写一份您参加过的危险化学品事故应急救援演练的总结。

第二节　应急救援体系

一、应急救援体系的构成、原则和任务

1. 应急救援体系的基本构成是什么?

应急救援体系是指为在风险事件（突发事件、事故）发生的紧急状态下，尽可能消除、减少或降低其（可能）带来的各种损失，针对人们的组织管理活动等所制定的一系列相互联系或相互作用的要求而形成的有机统一整体。由于潜在的重大事故风险多种多样，所以相应每一类事故灾难的应急救援措施可能千差万别，但其基本应急模式是一致的。

构建应急救援体系，应贯彻顶层设计和系统论的思想，以事件为中心，以功能为基础，分析和明确应急救援工作的各项需求，在应急能力评估和应急资源统筹安排的基础上，科学地建立规范化、标准化的应急救援体系，保障各级应急救援体系的统一和协调。

一个完整的应急救援体系应由组织体制、运作机制、法制基础和应急保障系统 4 部分构成。应急救援体系（CSEMS）的构成如图 5-1 所示。

（1）组织体制。应急救援体系组织体制建设中的管理机构是指维持应急日常管理的负责部门；功能部门包括与应急活动有关的各类组织机构，如消防、医疗机构等；指挥中心是在应急预案启动后，负责应急救援活动场外与场内的指挥系统；而救援队伍则由专业和志愿人员组成。

（2）运作机制。应急救援活动一般划分为应急准备、初期反应、扩大应急和应急恢复 4 个阶段，应急运作机制与这 4 个阶段的应急活动密切相关。应急运作

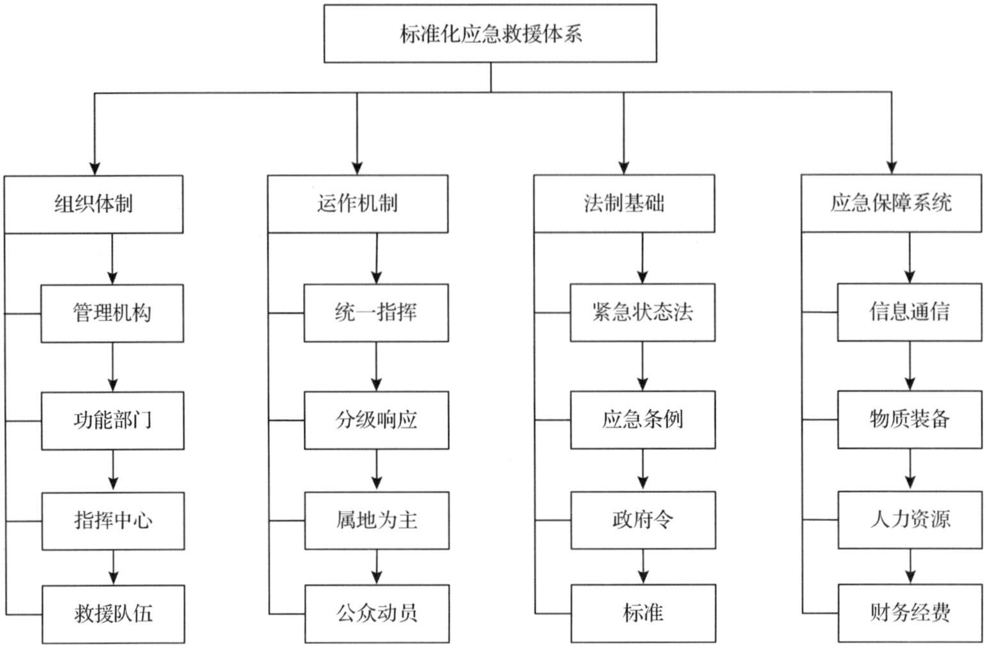

图 5-1　应急救援体系构成示意图

机制主要由统一指挥、分级响应、属地为主和公众动员 4 个基本机制组成。

统一指挥是应急活动的最基本原则。应急指挥一般可分为集中指挥与现场指挥，或场外指挥与场内指挥等。无论采用哪一种指挥系统，都必须实行统一指挥的模式，无论应急救援活动涉及单位的行政级别高低和隶属关系不同，都必须在应急指挥部的统一组织协调下行动，有令则行，有禁则止，统一号令，步调一致。

分级响应是指在初级响应到扩大应急的过程中实行的分级响应的机制。扩大或提高应急级别的主要依据是事故灾难的危害程度、影响范围和控制事态能力。影响范围和控制事态能力是“升级”的最基本条件。

扩大应急救援主要是提高指挥级别、扩大应急范围等。

属地为主，强调“第一反应”的思想和以现场应急、现场指挥为主的原则。

公众动员机制是应急机制的基础，也是整个应急体系的基础。

（3）法制基础。法制建设是应急救援体系的基础和保障，也是开展各项应急活动的依据。与应急有关的我国法律体系可分为 4 个层次：由国家立法机关通过的法律，如《中华人民共和国突发事件应对法》（以下简称《突发事件应对法》）；由国务院颁布的法规，如《生产安全事故应急条例》等；由政府部门颁布的规章，如《突发事件应急预案管理办法》《生产安全事故应急预案管理办法》等以政府令形式颁布的政府法令、规定等；与应急救援活动直接有关的国家标准或管理办法，如《生产经营单位生产安全事故应急预案编制导则》（GB/T 29639—2020）。

（4）应急保障系统。应急保障系统包括警报、报告、指挥等活动的信息交流快速、顺畅、准确，以及信息资源共享；物资与装备不但要保证有足够的资源，而且还要实现快速、及时供应到位；人力资源保障包括专业队伍的加强、志愿人员以及其他有关人员的培训教育；应急财务保障应建立专项应急科目，如应急基金等，以保障应急管理运行和应急反应中各项活动的开支。

2. 事故应急救援的原则和任务是什么？

事故应急救援应贯彻的基本原则是预防为主、统一协调、迅速有效。即在预防为主的情况下，实行统一指挥、分级负责、区域为主、单位自救和社会救援相结合。由于事故发生的突然性，发生后的迅速扩散性以及波及范围广的特点，决定了应急救援行动必须迅速、准确、有序和有效。因此，救援工作实行在企业主要负责人统一指挥下的分级负责制，以区域为主，根据事故的发展情况，采取单位自救与社会救援相结合的方式，能够充分发挥事故单位及所在地区的优势和作用。

事故应急救援的基本任务是：

（1）抢救受害人员。抢救受害人员是事故应急救援的重要任务。在救援行动中，及时、有序、科学地实施现场抢救和安全转送伤员，对挽救受害人的生命、稳定病情、减少伤残率以及减轻受害人的痛苦等具有重要的意义。

（2）控制危险源。及时有效地控制造成事故的危险源是事故应急救援的重要任务，只有控制了危险源，防止事故的进一步扩大和发展，才能及时有效地实施救援行动。

（3）指导群众防护，组织群众撤离。应及时指导和组织群众采取各种措施进行自身防护，并迅速撤离危险区域或可能发生危险的区域。在撤离过程中要积极开展群众自救与互救工作。

（4）消除事故危害后果。对事故造成的对人体、土壤、水源、空气等的现实危害和可能危害，迅速采取封闭、隔离、洗消等措施；对事故外溢的有毒有害物质和可能对人及环境继续造成危害的物质应及时组织人员进行清除；对危险化学品造成的危害进行监测与监控，并采取适当的措施直至符合国家环境保护标准。

（5）查清事故原因，评估危害程度。事故发生后应及时调查事故的发生原因和事故性质，估算出事故的危害波及范围和危险程度，查明人员伤亡情况，做好事故调查。

为了保证事故应急救援任务的完成，化工企业应建立本单位的救援组织机构，明确救援执行部门和专用电话、制定救援协作网、疏通纵横关系，以提高应急救援行动中协同作战的效能，便于做好事故救援。

二、应急响应

1. 如何建立应急救援体系响应机制？

重大事故应急救援体系应根据事故的性质、严重程度、事态发展趋势和控制能力实行分级响应机制，对不同的响应级别，相应地明确事故的通报范围、应急中心的启动程度、应急力量的出动和设备、物资的调集规模、疏散的范围、应急总指挥的职位等。

典型的响应级别通常可分为以下三级：

（1）一级紧急情况（Ⅰ级响应）。必须利用所有有关部门及一切资源的紧急情况，或者需要各个部门同外部机构联合处理的各种紧急情况，通常要宣布进入紧急状态。在该级别中，作出主要决定的通常是紧急事务管理部门，即企业的现场应急指挥部。现场应急指挥部可在现场作出保护生命和财产以及控制事态所必需的各种决定。

（2）二级紧急情况（Ⅱ级响应）。需要两个或更多个部门响应的紧急情况。

该事故的救援需要有关部门的协作，并且提供人员、设备或其他资源。该级响应需要成立现场指挥部来统一指挥现场的应急救援行动。

（3）三级紧急情况（Ⅲ级响应）。能被一个部门正常可利用的资源处理的紧急情况。正常可利用的资源指在该部门范围内通常可以利用的应急资源，包括人力和物力等。必要时，该部门可以建立一个现场应急指挥部，所需的后勤支持、人员或其他资源增援由本部门负责解决。

2. 事故应急响应程序包括哪些内容？

企业主要负责人在事故发生后，按照发生事故等级要求进行信息报告、预警及响应启动等相关工作。响应程序包括：

（1）信息报告

1）信息接报。明确应急值守电话、事故信息接收、内部通报程序、方式和责任人，向上级主管部门、上级单位报告事故信息的流程、内容、时限和责任人，以及向本单位以外的有关部门或单位通报事故信息的方法、程序和责任人。

2）信息处置与研判。明确响应启动的程序和方式。根据事故性质、严重程度、影响范围和可控性，结合响应分级明确的条件，可由应急领导小组作出响应启动的决策并宣布，或者依据事故信息是否达到响应启动的条件自动启动。若未达到响应启动条件，应急领导小组可作出预警启动的决策，做好响应准备，实时跟踪事态发展。响应启动后，应注意跟踪事态发展，科学分析处置需求，及时调整响应级别，避免响应不足或响应过度。

（2）预警

1）预警启动。明确预警信息发布渠道、方式和内容。

2）响应准备。明确作出预警启动后应开展的响应准备工作，包括队伍、物资、装备、后勤及通信。

3）预警解除。明确预警解除的基本条件、要求及责任人。

（3）响应启动。确定响应级别，明确响应启动后的程序性工作，包括应急会议召开、信息上报、资源协调、信息公开、后勤及财力保障工作。根据预警分析确定响应级别，应急响应过程包括报警、接警、警情判断、应急启动、救援行动、资源调配、事态控制、应急结束、应急恢复等。

（4）应急处置。明确事故现场的警戒疏散、人员搜救、医疗救治、现场监测、技术支持、工程抢险及环境保护方面的应急处置措施，并明确人员防护的要求。应急处置应遵守以“救人第一”的原则，做到“先控制，后处理”，避免生产装置、储罐、管道破裂，造成事故进一步扩大。

（5）应急支援。明确在事态无法控制的情况下，向外部（救援）力量请求支援的程序及要求、联动程序及要求，以及外部（救援）力量到达后的指挥关系。外部救援力量到达，企业主要负责人应安排专人对外部救援力量进行路线指引，向外部救援力量汇报事故概况、现场救援等情况，必要时移交指挥权。

（6）响应终止。明确响应终止的基本条件、要求和责任人。

应急终止条件：事故发生的条件已经消除；损坏设备设施已和系统断开；无次生、衍生灾害发生的可能；确认现场人员全部撤离现场；事故现场清理完毕。

3. 如何建立应急救援体系响应程序？

事故应急救援系统的应急响应程序按过程可分为接警、响应级别确定、应急启动、救援行动、应急恢复和应急结束等几个阶段，如图 5-2 所示。

（1）接警与响应级别的确定。接到事故报警后，按照工作程序，对警情做出判断，初步确定相应的响应级别。如果事故不足以启动应急救援体系的最低响应级别，响应关闭。

（2）应急启动。应急响应级别确定后，按所确定的响应级别启动应急程序，如通知应急中心有关人员到位，开通信息与通信网络，通知调配救援所需的应急资源（包括应急队伍和物资、装备等），成立现场指挥部。

（3）响应行动。有关应急队伍进入事故现场后，迅速开展事故侦测、警戒、疏散、人员救助、工程抢险等有关应急救援工作，专家组为救援决策提供建议和技术支持。当事态超出响应级别无法得到有效控制时，向应急中心请求实施更高级别的应急响应。

（4）应急恢复。救援行动结束后，进入临时应急恢复阶段。该阶段主要包括现场清理、人员清点和撤离、警戒解除、善后处理和事故调查等。

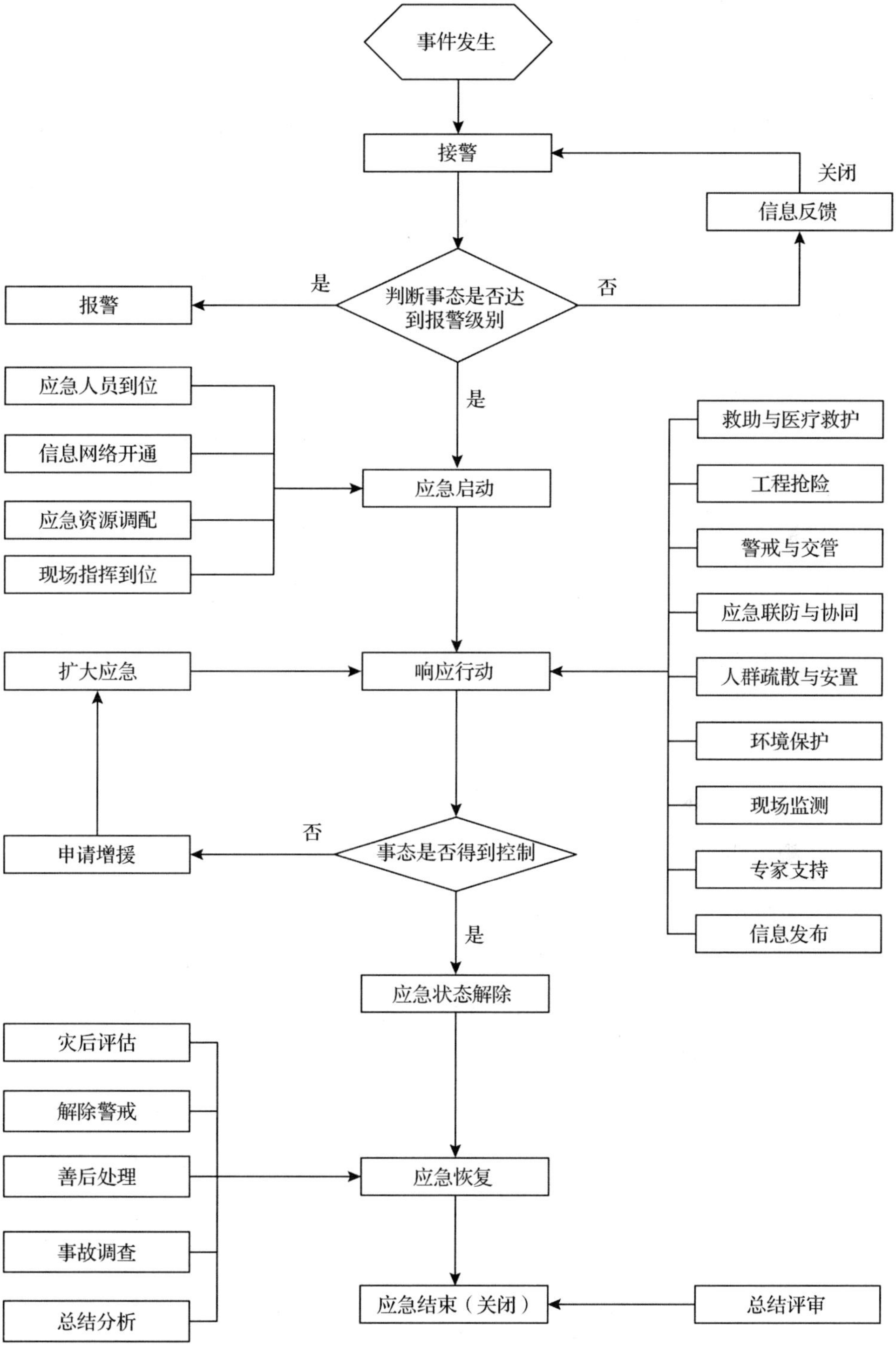

图 5-2　应急救援体系应急响应程序图

（5）应急结束。执行应急关闭程序，由事故总指挥宣布应急结束。

4. 发生生产安全事故后，企业应及时采取哪些应急响应措施？

发生生产安全事故后，企业应当根据确定的响应级别，采取以下应急响应措施：

（1）迅速控制危险源，组织抢救遇险人员。

（2）根据事故危害程度，组织现场人员撤离或者采取可能的应急措施后撤离。

（3）及时通知可能受到事故影响的单位和人员。

（4）采取必要措施，防止事故危害扩大和次生、衍生灾害发生。

（5）根据需要请求邻近的应急救援队伍参加救援，并向参加救援的应急救援队伍提供相关技术资料、信息和处置方法。

（6）维护事故现场秩序，保护事故现场和相关证据。

三、应急授权

1. 建立异常工况处理授权决策机制的目的是什么？

当化工生产过程中出现可能危及人身安全的异常工况时，第一时间发现问题的往往是现场作业人员。有的异常工况处理非常紧急，容不得现场作业人员请示上级领导，逐级许可，时间的拖延可能会导致情况变得更加复杂严峻。为避免这一情况出现，《危险化学品企业安全风险隐患排查治理导则》要求企业应组织建立一套异常工况下的应急处理机制，并授权相关人员在出现某些异常工况时，可以立即采取决断措施实施停车并紧急撤离。

《安全生产法》第五十五条明确规定，从业人员发现直接危及人身安全的紧急情况时，有权停止作业或者在采取可能的应急措施后撤离作业场所。生产经营单位不得因从业人员在紧急情况下停止作业或者采取紧急撤离措施而降低其工资、福利等待遇或者解除劳动合同。此条要求一方面是对既有法律条文的细化落实，另一方面是对事故教训的吸取。河南三门峡义马气化厂“7·19”爆燃事故暴露出企业异常工况下的处置决策机制存在偏差，最终酿成重大事故。

危险化学品企业应对此给予足够重视，尤其是机构设置相对复杂的中央企业或大集团、大公司，此种现象存在机会较多。应避免在紧急状态下层层汇报、层层审批，错过最佳处理时机。需要注意的是，异常工况处理授权决策机制的建立，应在充分分析论证企业各装置、各部位可能发生的风险及后果评估、紧急处置后造成的影响范围的基础上实施，明确风险等级和授权范围。授权决策机制的内容可以体现在企业的应急预案中，也可以单独制定管理规定。

2. 如何建立异常工况处理授权决策机制？

企业应建立应急授权决策的制度，明确需要授权决策的状况、被授权者岗位及职责等相关规定；要根据需要授权的工况及被授权岗位，编制详细的应急处置预案及处置程序，明确各工序之间的协同联动机制；要加强机制运行有效性的定期演练及检验；要树立正确的安全发展理念，并能将之落实到实际行动中。企业只有完善了以上文件并确保有效运行，才能够真正建立异常工况处理授权决策机制。

异常工况处理授权决策机制的建立需要考虑以下几个要素：

（1）需要充分考虑异常工况处理的时效性

1）异常着火情况。

2）危险化学品泄漏情况。

3）可能引起系统性风险的超温、超压等异常工况，尤其是涉及重点监管工艺的重点监控参数异常情况。

4）可能引起重大风险或造成系统性风险的关键、核心设备故障情况。

5）可能引起系统性异常的电力系统故障情况。

6）可能引起系统性运行风险的公用介质供给中断或者剧烈波动情况。

（2）需要充分考虑异常工况处理的系统性。化学工业是流程工业，工序复杂，衔接紧密，整体性强。尤其是当下高端化、规模化、自动化程度日渐提高，某一环节出现异常工况或者异常工况不能够科学有效处理，都可能会影响企业的整体安全，甚至带来衍生危害。所以，系统性处理是异常工况有效管控的又一必须考虑因素，要明确建立有效的研判及沟通联动处理机制。在解决好异常工况应急处理过程中，应明确以下内容：

1）异常工况信息的及时发现及向可能波及工序的快速流转。

2）强化生产调度指挥系统的协调指挥与信息传递作用。

3）异常工况波及到工序的联动监控及应对。

（3）需要充分考虑异常工况处理的实操性。为了确保异常工况能够被有效快速管控，能够满足时效性及系统性管控要求，必须建立切实可行的应急管控操作程序。

首先，企业要结合可能出现的异常工况及被授权岗位，编制完善应急预案及处理程序，在应急预案及程序中应明确信息流转、应急指挥及管控步骤，尽量做到管控超前、系统联动、措施有效。

其次，加强异常工况处理的日常演练。企业应建立对机制运行有效性的定期检验机制，并通过日常培训、实操演练、应急模拟、应急实训来实现。在制定好处理流程后，应该进行全员培训教育，尤其是对被授权人处理能力的培训与检验。

3. 如何做好层层授权，确保异常工况下的应急处置？

异常工况处理授权是企业主管生产的负责人向下属生产管理部门乃至生产岗位人员授权能在紧急情况下果断处置的权力。当某独立系统或装置突发异常工况，需要采取紧急措施予以处置时，为满足靠前处置要求，应该授予装置当班班长处置决策权，但必须及早将处置信息向调度指挥系统报告，便于信息及时流转及上一级机构作出准确研判。

建立异常工况下的应急授权机制，就是要在小隐患出现初期，最初发现隐患的员工能够采取果断措施进行处置，避免演化为大事故，造成重大损失；建立应急授权机制还要求承担生产运行决策权的企业主要负责人要认真分析评估各生产装置、各重点场所存在的风险、可能发生的事故类型及带来的后果严重度情况，并授权可以实施应急处置的岗位级别，保证在隐患出现初期就消除隐患。同时，企业应量化应急授权条件，建立从主要负责人到生产班组长的层层授权机制，确保在第一时间能够采取断然措施，避免恶性事故的发生。

四、应急处置

1. 应急处置的基本原则是什么?

开展危险化学品事故应急救援处置工作时，需要充分考量化学品的实际应用情况，基于基本处置原则展开工作。

(1) 危险化学品本身的事故危险性较高，实际处置工作需要秉持“生命第一”的原则，最大限度减少人员伤亡。具体来讲，当出现危险化学品泄漏情况时，需要考量现场人员，无论是实际受到侵害的人员，还是消防救援人员，都应当将生命安全摆在首要位置，在应急救援的同时避免人员伤害。一些危险化学品事故难以在第一时间解决，就不能派遣救援人员到达现场进行处置工作，避免救援人员受到伤害。如果现场有生命迹象，需要及时进行危险化学品事故处置工作，将救人放在首要位置。

(2) 危险化学品应急救援，应尽可能地降低危险化学品对救援现场环境的影响。化学品本身具有一定的危险性，出现泄漏事故时，会对现场环境造成诸多不良影响，为切实避免危险化学品的危害范围不断扩大，甚至造成次生伤害，应当做好预防处置工作，有效控制危险化学品危害范围。

(3) 合理把控事故现场，避免出现救援现场一团糟的情况。危险化学品处置危险性高，在实际处置工作中，需要工作人员结合处置现场实际情况，灵活制定处置方案、协调分工，各个部门都能够更加高效地展开工作，从而高效率地展开危险化学品应急救援处置工作。

2. 事故现场处置包括哪些内容?

在发生泄漏、火灾、爆炸和环境污染等化工事故的现场，正确、及时、有效地实施应急抢险和救援工作，是控制事故、减少损失的关键。现场应急处置工作内容包括以下几个方面：

(1) 设立警戒区域。事故发生后，应根据化学品泄漏扩散的情况或火焰热辐射所涉及的范围建立警戒区，并在通往事故现场的主要干道上实行交通管制。建立警戒区域时应注意以下几项：

1）警戒区域的边界应设警示标志，并有专人进行警戒。

2）除消防、应急处置人员以及必须坚守岗位的人员外，其他人员禁止进入警戒区。

3）泄漏溢出的化学品为易燃品时，区域内应严禁火种。

（2）紧急疏散。迅速将警戒区及污染区内与事故应急处置无关的人员撤离，以减少不必要的人员伤亡。紧急疏散时应注意以下几项：

1）如事故物料有毒时，需要佩戴个体防护用品或采用简易有效的防护措施，并有相应的监护措施。

2）应向上风向或侧上风向转移，明确专人引导和护送疏散人员到安全区，并在疏散或撤离的路线上设立哨位，指明方向。

3）不要在低洼处滞留。

4）要查清是否有人留在污染区和着火区。

（3）根据事故物料的毒性及划定的危险区域，确定相应的防护等级，并根据防护等级按标准配备相应的防护器具。

（4）询情和侦检处置

1）询问遇险人员情况，容器储量、泄漏量、泄漏时间、部位、形式、扩散范围、周边单位、居民、地形、电源、火源等情况，消防设施、工艺措施、到场人员处置意见。

2）使用检测仪器测定泄漏物质、浓度、扩散范围。

3）确认设施、建（构）筑物险情及可能引发爆炸燃烧的各种危险源，确认消防设施运行情况。

3. 事故现场应急处置的对策是什么？

（1）火灾爆炸事故处置

1）扑灭现场明火应坚持先控制后扑灭的原则。依据危险化学品性质、火灾大小，采用冷却、堵截、突破、夹攻、合击、分割、围歼、破拆、封堵、排烟等方法进行控制与灭火。

2）根据危险化学品特性，选用正确的灭火剂。易燃固体、自燃物品一般都可用水和泡沫扑救；禁止用水、泡沫等含水灭火剂扑救遇湿易燃物品火灾；禁用直流水冲击扑灭粉末状、易沸溅危险化学品火灾；禁用沙土盖压扑灭爆炸品火灾；宜使用低压水流或雾状水扑灭腐蚀品火灾，避免腐蚀品溅出；禁止对液态烃强行灭火。

3）有关生产部门要监控装置工艺变化情况，做好应急状态下生产方案的调整和相关装置的生产平衡，优先保证应急救援所需的水、电、气、交通运输车辆和工程机械。

4）根据现场情况和预案要求，及时决定有关设备、装置、单元或系统紧急停车，避免事故扩大。

（2）泄漏事故处置

1）控制泄漏源

①在生产过程中发生泄漏，事故单位应根据生产和事故情况，及时采取控制措施，防止事故扩大。应采取停车、局部循环、改走副线或降压堵漏等措施。

②在其他储存、使用等过程中发生泄漏，应根据事故情况，采取转料、套装、堵漏等控制措施。

2）控制泄漏物

①泄漏物控制应与泄漏源控制同时进行。

②对气体泄漏物可采取喷雾状水、释放惰性气体、加入中和剂等措施，降低泄漏物的浓度或燃爆危害。喷水稀释时，应筑堤收容产生的废水，防止水体污染。

③对液体泄漏物可采取容器盛装、吸附、筑堤、挖坑、泵吸等措施进行收集、阻挡或转移。若液体具有挥发性及可燃性，可用适当的泡沫覆盖泄漏液体。

（3）中毒窒息事故处置

1）立即将中毒者转移至上风向或侧上风向空气无污染区域，并进行紧急救治。

2）经现场紧急救治，伤势严重者立即送医院治疗。

（4）其他处置要求

1）现场指挥人员发现危及人身生命安全的紧急情况，应迅速发出紧急撤离信号。

2）若因火灾爆炸引发泄漏中毒事故，或因泄漏引发火灾爆炸事故，应统筹考虑优先采取保障人员生命安全、防止灾害扩大的救援措施。

3）维护现场救援秩序，防止救援过程中发生车辆碰撞、车辆伤害、物体打击、高处坠落等事故。

五、事故现场自救与互救技能

1. 生产经营单位如何开展事故现场自救、互救工作？

《生产安全事故应急预案管理办法》要求，生产经营单位应当采取多种形式开展应急预案的宣传教育，普及生产安全事故避险、自救和互救知识，提高从业人员和社会公众的安全意识与应急处置技能；组织开展本单位的应急预案、应急知识、自救互救和避险逃生技能的培训活动，使有关人员了解应急预案内容，熟悉应急职责、应急处置程序和措施。

《中华人民共和国安全生产法》第八十三条要求，生产经营单位发生生产安全事故后，事故现场有关人员应当立即报告本单位负责人。单位负责人接到事故报告后，应当迅速采取有效措施，组织抢救，防止事故扩大，减少人员伤亡和财产损失，并按照国家有关规定立即如实报告当地负有安全生产监督管理职责的部门，不得隐瞒不报、谎报或者迟报。不得故意破坏事故现场、毁灭有关证据。

生产安全事故发生后，组织抢救是生产经营单位的首要任务。组织抢救包括组织救护、组织抢救和从业人员自救。要创造条件以最快的速度、最短的路线，首先将受伤、窒息的人员运到安全的地点进行急救。在专业救护队到达之前，辅助救护队应迅速引导和积极救助遇难人员脱离灾区。专业救护队到达后，辅助救护队积极协助专业救护队完成抢险任务。组织从业人员自救，对防止事故扩大、减少人员伤亡和财产损失作用很大。

事故发生后，生产经营单位应当立即启动相关应急预案，采取有效处置措施，开展先期应急工作，控制事态发展，并按规定向有关部门报告。对危险化学品泄漏等可能对周边群众和环境产生危害的事故，生产经营单位应在向地方政府和有关部门报告的同时，及时向可能受到影响的单位、职工、群众发出预警信息，标明危险区域，组织、协助应急救援队伍和工作人员救助受害人员，疏散、撤离、安置受到威胁的人员，并采取必要措施防止发生次生、衍生事故。应急处置工作结束后，各生产经营单位应尽快组织恢复生产、生活秩序，配合事故调查组进行调查。

2. 事故现场自救的注意事项有哪些?

（1）保持良好的心态。在事故突然发生的情况下，特别是火灾发生时，烟气及火的出现会造成多数人心理恐慌，这是最致命的弱点，保持冷静的头脑，对防止灾情的扩大是至关重要的。如在以往的火灾中，有些人盲目逃生，跳楼，因惊慌失措找不到疏散通道和安全出口等，导致失去逃生时机而死亡。在发生事故时，保持心理稳定是逃生的前提，若能临危不乱，先观察事故发展态势，再决定逃生方式，运用学到的避灾常识就会化险为夷，把灾害损失降到最低限度。

（2）利用疏散通道和安全出口自救逃生。发生事故时，不要惊慌失措，应及时向疏散通道和安全出口方向逃生。疏散时要听从工作人员的疏导和指挥，分流疏散，避免争先逃生，堵塞出口。盲目逃生，往往欲速则不达。

（3）自制器材逃生。发生火灾等事故时，要学会利用现场一切可以利用的物品逃生，要学会随机应用，如将毛巾、口罩用水浇湿，捂住口、鼻，作为防烟工具；把被褥、窗帘用水浇湿后，堵住门缝阻止火势蔓延；利用绳索或布匹、床单、地毯、窗帘结绳自救。

（4）寻找避难场所逃生。在无路可逃的情况下，应积极寻找避难场所，如到阳台、楼层平顶等待救援；进入火势、烟雾难以蔓延的房间，如厕所、保安室等。无论白天或者夜晚，被困者都应大声呼救，不断发出各种信号以引起救援人员的注意，帮助自己脱离险境。

（5）在逃生过程中要防止中毒。火灾发生后，往往会产生大量有毒气体。在逃生过程中应用水浇湿毛巾或衣服捂住口鼻，采用低姿行走，以减小烟气的伤害。匍匐爬行是避免毒气伤害最科学的逃生方法。火灾中如果站着走，很容易造成窒息。

3. 有哪些火灾自救方法?

（1）绳索自救法。房间有绳索的，可直接将其一端挂在门、窗挡或重物上，沿另一端下滑。在此过程中，脚要成绞状夹紧绳子，双手交替往下滑，并尽量使用手套、毛巾将手保护好。

（2）匍匐前进法。由于火灾发生时烟气大多聚集在上部空间，因此在逃生过程中应尽量将身体贴近地面匍匐或弯腰前进。

（3）毛巾捂鼻法。火灾烟气具有温度高、毒性大的特点，一旦吸入后很容易引起呼吸系统烫伤或中毒，因此疏散中应用湿毛巾捂住口鼻，以起到降温及过滤的作用。

（4）棉被护身法。用浸泡过的棉被或毛毯、棉大衣盖在身上，确定逃生路线后用最快的速度穿过火场并冲到安全区域。如果身上的衣物不慎起火，应迅速将衣服脱下或撕下，或就地滚翻将火压灭。千万不能身穿着火的衣服跑动。如果有水，可迅速用水浇灭，但人体受伤面积大时一定不能用水浇，以防感染。

（5）毛毯隔火法。将毛毯等织物钉或夹在门上，并不断往上浇水冷却，以防止外部火焰及烟气侵入，从而达到抑制火势蔓延速度、增加逃生时间的目的。

（6）被单拧结法。把床单、被罩或窗帘等撕成条或拧成麻花状，按绳索逃生的方式沿外墙爬下。

（7）跳楼求生法。火场切勿轻易跳楼！在万不得已的情况下，住在低楼层的人员可采取跳楼的方法进行逃生。但要选择较低的地面作为落脚点，并将床垫、沙发垫、厚棉被等抛下做缓冲物。

（8）管线下滑法。当建筑物外墙或阳台边上有落水管、电线杆、避雷针引线等竖直管线时，可借助其下滑至地面，同时应注意一次下滑时人数不宜过多，以防止逃生途中因管线损坏而致人坠落。

（9）竹竿插地法。将结实的晾衣竿直接从阳台或窗台斜插到室外地面或下一层平台，两头固定好以后顺杆滑下。

（10）攀爬避火法。通过攀爬阳台、窗口的外沿及建筑周围的脚手架、雨棚等突出物以躲避火势。

（11）楼梯转移法。当火势自下而上迅速蔓延而将楼梯封死时，住在上部楼层的人员可通过老虎窗、天窗等迅速爬到屋顶，转移到另一户或另一单元的楼梯进行疏散。

（12）卫生间避难法。当实在无路可逃时，可利用卫生间进行避难，用毛巾紧塞门缝，把水泼在地上降温，也可躺在放满水的浴缸里躲避。但千万不要钻到床底、阁楼、衣柜等处避难，因为这些地方可燃物多，且容易聚集烟气。

（13）火场求救法。发生火灾时，可在窗口、阳台或屋顶处向外大声呼叫、敲击金属物品或投掷软物品，白天应挥动鲜艳布条发出求救信号，晚上可挥动手电筒或白布条引起救援人员的注意。

（14）逆风疏散法。应根据火灾发生时的风向来确定疏散方向，迅速逃到火场上风处躲避火焰和烟气。

（15）“搭桥”逃生法。可在阳台、窗台、屋顶平台处用木板、竹竿等较坚固的物体搭在相邻建筑上，以此作为跳板过渡到相对安全的区域。

4. 常见急性化学中毒的现场急救方法有哪些?

（1）刺激性气体中毒。刺激性气体是指对皮肤、眼、呼吸道黏膜有刺激作用的一类有害气体的统称，是工业生产中最常见的有害气体，主要有氯气、氨气、氮氧化物、光气、氟化氢、二氧化硫等。

1）发生中毒事故区域（特别是下风向）的人员应尽快撤离或就地躲避在建筑物内。

2）立即将伤者移到空气新鲜的地方，脱去被污染的衣物，迅速用大量清水清洗皮肤，同时要注意保暖。眼被污染者，用清水至少持续冲洗 10 min。

3）保持呼吸道畅通，有条件的可给予雾化吸入和支气管解痉剂，必要时请医务人员实行气管切开术。

4）对呼吸、心跳停止者立即施行人工呼吸和胸外心脏按压，有条件的可肌内注射呼吸兴奋剂等，同时给氧。在病人自主呼吸、心跳恢复后方可送医院。

5）针刺昏迷者人中、十宣、涌泉等穴位。

6）立即拨打“120”急救电话，迅速送往医院抢救。

（2）有机溶剂中毒。有机溶剂一般指难溶于水的油脂、树脂、染料、蜡、烃类等有机化合物的液体，常见的有苯、甲苯、二甲苯、汽油、正己烷、氯仿、氯乙烷、甲醇、乙酯、丙酐、二硫化碳等。人体吸入这些物质后，会出现头晕目眩、倦怠乏力、食欲不振、恶心呕吐等症状。

1）立即将中毒者转移到空气新鲜的地方，脱去被污染的衣物，迅速用大量清水或肥皂水清洗被污染的皮肤，同时注意保暖。若眼部被污染，立即用清水冲洗，至少持续 10 min。

2）若中毒者昏迷，施救者可根据现场情况及中毒物质种类，采用拇指按压人中、十宣、涌泉等穴位的办法施救。

（3）窒息性气体中毒。窒息性气体是以气态吸入而引起组织窒息的一类有害气体，指被机体吸入后，可使氧的供给、摄取、运输和利用发生障碍，使全身组织细胞得不到或不能利用氧，导致组织细胞缺氧窒息的有害气体的总称。根据中毒作用机制不同，大致可分为两类。

1）单纯性窒息性气体本身毒性很低或属惰性气体，但因其在空气中含量高，使氧的相对含量大大降低，致使动脉血氧分压下降，导致机体缺氧窒息，如氮气、甲烷、二氧化碳、水蒸气等。

2）化学性窒息性气体主要能对血液或组织产生特殊化学作用，使氧的运送和组织利用氧的功能发生障碍，造成全身组织缺氧，引起严重中毒。在工业生产中常见的有一氧化碳、氰化物和硫化氢等。按中毒机制不同又分为两小类。

①血液窒息性气体。阻碍血红蛋白与氧结合或妨碍血红蛋白向组织释放氧，影响血液对氧的运输功能，导致组织供氧障碍而窒息，如一氧化碳、一氧化氮及苯的氨基、硝基化合物蒸气等。

②细胞窒息性气体。主要通过抑制细胞内呼吸酶，使细胞对氧的摄取和利用障碍，生物氧化不能进行，发生细胞“内窒息”，如硫化氢、氰化氢等。

3）中毒窒息应急处置

①现场处理。尽快使患者脱离中毒环境，将其移至安全的地方。一旦发现患者出现呼吸、心跳停止，立即给予心肺复苏。

②生命体征监护。常规给予中毒患者动态血压、心电、呼吸、血氧等生命体

征监护，维持基本生命体征稳定。

③合理氧疗。改善缺氧是治疗窒息性气体中毒的关键所在，生命体征稳定者尽快给予高压氧治疗，其他给氧方法包括鼻导管给氧、高频通气等方法。

④防治脑水肿。给予亚低温治疗、糖皮质激素治疗、促进脑代谢药物治疗等。合理脱水利尿可给予20%的甘露醇250 mL静脉滴注，呋塞米20 mg，静脉推注，每日数次交替使用。

⑤改善脑微循环障碍。维持充足的灌注压，维持正常血容量，合理使用血管活性药物。

⑥清除氧自由基。窒息性气体导致中毒的分子机制是诱使机体产生大量氧自由基，导致细胞脂质发生过氧化反应而损伤，因此，应积极给予清除自由基为主的抗氧化治疗。具体药物有糖皮质激素、还原型谷胱甘肽、维生素E、维生素C、超氧化物歧化酶等。

5. 如何实施化学灼伤的现场急救?

腐蚀品造成的化学灼伤与火烧伤、烫伤不同，不同类别的化学灼伤，急救措施不同，要根据灼伤物的不同性质，分别进行急救。

（1）发现化学烧伤后，要立即脱去被污染的衣物、鞋袜，随后用大量清水冲洗创面15~20 min。有条件时边冲洗边用pH试纸不断测定创面的酸碱度，一直冲洗到近中性。

（2）被强酸或强碱等灼伤，应迅速用大量清水冲洗，至少持续30 min，然后按酸、碱两类不同物质做如下处理：酸类灼伤用饱和的碳酸氢钠溶液冲洗，碱类灼伤用稀醋酸溶液冲洗或撒以硼酸粉。

（3）酸碱一旦溅入眼睛，其腐蚀作用极快，尤其是氨水、生石灰等，往往在几分钟内即可渗透到眼睛深部，造成严重后果。为了控制伤情，必须争分夺秒，立即用清洁的水冲洗，不能坐失自救机会，以致失明。

（4）凡溶于水的化学药品进入眼睛，应立即用水洗涤，然后根据不同情况分别处理：如属碱类灼伤，用2%的医用硼酸溶液淋洗；如属酸类灼伤，用3%的医用碳酸氢钠溶液淋洗。重者应立即送医院治疗。

（5）对口腔的化学灼伤，应迅速用蒸馏水或自来水漱口，然后酌情处理：如属碱类灼伤，用2%的硼酸溶液反复漱口；如属酸类灼伤，则用3%的碳酸氢钠溶液反复漱口。最后，都应用洁净水多次漱洗。

6. 如何实施烧伤的现场急救？

（1）使伤员尽快脱离火（热）源，缩短烧伤时间。注意避免助长火势的动作，快跑会使衣服烧得更炽热；站立，会使头发着火并吸入烟火，引起呼吸道烧伤等。被烧伤者应立即躺平，用厚衣服包裹，湿的更好，若无此类物品，则应就地慢慢滚动。用水及非燃性液体浇灭火焰，但不要用沙子或不洁物品。

（2）迅速脱去伤员被烧的衣服、鞋袜等，为节省时间和减少对创面的损伤，可用剪刀剪开。不要清理创面，使其避免污染，并减少外界空气刺激创面引起疼痛，暂时用较干净的衣服把创面包裹起来。对创面一般不做处理，尽量不弄破水泡，保护表皮，避免涂一些效果不确定的药物、油膏或油。

（3）维护呼吸道通畅。火焰烧伤常伴呼吸道受烟雾热力等损伤，应注意保护呼吸道通畅，必要时要给予吸氧。查心跳、呼吸情况，是否有外伤和有害气体中毒以及其他合并症状。对爆炸冲击烧伤人员，应检查有无颅胸损伤、胸腹腔内脏损伤和呼吸道烧伤。注意有无复合伤，对大出血、开放性气胸、骨折等应先施行相应的急救处理。

（4）防休克、防窒息、防创面污染。烧伤的伤员常常因疼痛或恐惧发生休克，安慰和鼓励受伤者，使其情绪稳定。疼痛剧烈可酌情使用止痛药或可用针灸止痛；若发生急性喉头梗阻或窒息时，设法请医务人员做气管切开，以保证通气；现场检查和搬运伤员时，注意保护创面，防止污染。

（5）大面积严重烧伤，应就近输液抗休克，转送途中注意保持呼吸道通畅。高度口渴、烦躁不安，提示休克严重，应加快输液，只可少量口服盐水。

（6）迅速离开现场，立即把严重烧伤人员送往医院。注意搬运时动作要轻柔，行进要平稳，随时观察伤情。

7. 低温冻伤分为几类？如何实施低温冻伤的现场急救？

（1）低温冻伤分类。冻伤后仅有皮肤苍白、冰冷、疼痛和麻木，复温后才表现出特征，分为 4 级。

1）一度冻伤。为皮肤浅层冻伤，局部皮肤从苍白色转为斑状蓝紫色，以后红肿、发痒、刺痛和感觉异常。

2）二度冻伤。为皮肤浅层和部分深层冻伤。局部红肿、发痒、灼痛。早期有水疱出现。

3）三度冻伤。为皮肤全层和皮下组织冻伤。皮肤由苍白渐变为蓝色，再成黑色。感觉消失，冻伤周围组织可出现水肿和水疱，并有剧痛。

4）四度冻伤。皮肤皮下组织、肌肉，甚至骨髓都被冻伤，呈暗灰色，感觉和运动功能完全消失。

（2）现场急救措施

1）一度冻伤，可让病人自己主动活动，并按摩受冻部位，促进血液循环。可以用辣椒、艾蒿、茄秆煮水熏洗、浸泡，再涂以冻疮膏即可。

2）对于遭遇严寒侵袭的人，首先要帮其脱离险境，或尽快将其从水中救出，转移到避风的室内，脱去湿冷的衣裤，擦干身体，换上保暖的衣被，给予热饮料和精神安抚。

3）如果病人呼吸、心跳微弱或似有似无，应立即将病人平放在硬板床上，拉直气管，清除口鼻异物，做“口对口”人工呼吸和心脏按压，促使心肺功能尽快恢复，同时兼顾保暖和复温处理。

4）尽快使冻伤处复温。一般是将冻肢浸泡在温水中，不断添加热水，使水温由 36 ℃逐渐提高到 42 ℃左右，并保持这一范围，直到患处恢复温感，皮肤温度达到 36 ℃左右。如果一时找不到热水，将患肢放进救援人员温暖的怀抱中，也不失是个应急的好办法。复温过程宜在 10 min 内完成，不宜过久，以便尽量减少对组织的损伤。

5）患处若破溃感染，应在局部用 65%~75%酒精或 1%的新洁尔灭消毒，吸出水泡内液体，外涂冻疮膏、樟脑软膏等，保暖包扎。必要时应用抗生素及破伤风抗毒素。

（3）注意事项

1）千万不能采用拍打、雪搓或冷水漫泡等错误的方法，因为拍打、搓擦会损伤皮肤，增加感染的机会。

2）火烤只能使表面冻结组织融化，而不能使血管扩张和改善血液循环，相反，会增加组织代谢，加重组织缺氧和损伤，对愈后不利。

思考题

1. 事故发生后，企业应如何积极开展事故应急响应？
2. 对不同的事故情景，企业应如何有针对性地开展应急处置？
3. 企业应如何加强应急救援能力建设？

第三节　事故事件管理及持续改进

一、事故事件管理

1. 什么是事故？什么是生产安全事故？

事故是人（个人或集体）在实现某种意图而进行的活动过程中，突然发生的、违反人的意志的、迫使活动暂时或永久停止的事件。

事故有两方面的特征：一方面是意外发生的（不是计划的也不是人为预期的）；另一方面是导致了负面结果，产生了一定的后果。这些后果通常包括人员伤亡、财产损失、环境破坏或生产中断等。事故是一类特殊的事件，所以事故属于事件的范畴。

生产安全事故是指生产经营单位在生产经营活动（包括与生产经营有关的活动）中突然发生的，伤害人身安全和健康，或者损坏设备设施，或者造成经济损失的，导致原生产经营活动（包括与生产经营有关的活动）暂时中止或永远终止的意外事件。

2. 事故发生具有什么特点?

事故发生存在一个孕育、发展、发生、伤害（损失）的过程，具有因果性、偶然性、必然性、潜伏性、突发性的特点。

（1）因果性。导致事故的原因在系统中相互作用、相互影响，在一定条件下发生突变，即酿成事故。

（2）偶然性。事故发生的时间、地点、形式、规模和事故后果的严重程度是不确定的。

（3）必然性。危险客观存在，在生产、生活过程中必然会发生事故，采取措施预防事故，只能延长发生事故的时间间隔、概率，而不能杜绝事故。

（4）潜伏性。事故发生之前存在一个量变过程，一个有隐患的系统很长时间没有发生事故，并不意味着系统是安全的。

（5）突发性。事故一旦发生，往往十分突然，令人措手不及。

引发事故的4个基本要素是人的不安全行为、物的不安全状态、环境的不安全条件及管理的缺陷。根据统计，在伤亡事故中因不可抗拒的自然灾害或目前技术还不能解决的原因而造成的事故极少，绝大多数属于责任事故。生产企业的事故中，90%以上的事故发生在基层班组，90%以上的事故是由于人的不安全行为和设备隐患没能及时被发现、消除造成的。安全技术系统可靠性和人的可靠性不足是事故发生的深层次原因，所以进行危险源辨识、评价、控制是全员、全过程、全方位实施安全管理的重要科学手段。

3. 生产安全事故分类和事故等级是如何划分的?

对事故进行准确、规范的分类，目的在于实现不同口径的事故数据统计，帮助分析各类事故分布趋势，研究事故发生原因。

（1）按照事故后果的严重程度划分。根据事故造成的人员伤亡或直接经济损失，按照《生产安全事故报告和调查处理条例》（国务院令第493号），事故一般分为以下等级：

1）特别重大事故。是指造成30人以上死亡，或者100人以上重伤（包括急性工业中毒，下同)，或者1亿元以上直接经济损失的事故。

2）重大事故。是指造成10人以上30人以下死亡，或者50人以上100人以下重伤，或者5 000万元以上1亿元以下直接经济损失的事故。

3）较大事故。是指造成3人以上10人以下死亡，或者10人以上50人以下重伤，或者1 000万元以上5 000万元以下直接经济损失的事故。

4）一般事故。是指造成3人以下死亡，或者10人以下重伤，或者1 000万元以下直接经济损失的事故。

（2）按照事故的责任划分。事故可以分为责任事故和非责任事故。

（3）按照事故发生的专业划分。化工企业事故可分为工艺事故、设备事故、电气事故、仪表事故、公用工程事故、作业事故和车辆事故等。

（4）按照安全事故类别即伤害方式的不同分类。根据《企业职工伤亡事故分类》（GB 6441—1986）将企业工伤事故类型分为20类。分别为物体打击、车辆伤害、机械伤害、起重伤害、触电、淹溺、灼烫、火灾、高处坠落、坍塌、冒顶片帮、透水、放炮、瓦斯爆炸、火药爆炸、锅炉爆炸、容器爆炸、其他爆炸、中毒和窒息以及其他伤害等。

（5）按照安全事故的伤害程度分类。事故发生后，根据事故给伤害者带来的伤害程度及其劳动能力丧失的程度，可将事故分为轻伤、重伤、死亡3种类型。

1）轻伤事故是指造成职工肢体伤残，或者器官功能性或器质性轻度损伤，表现为劳动能力轻度或暂时丧失的伤害，一般指受伤职工歇工在1个工作日以上，计算损失工作日低于105日的失能伤害，但伤害小于重伤者。

2）重伤事故是指造成职工肢体残缺或视觉、听觉等器官受到严重损伤，一般能引起人体长期存在功能障碍，或损失工作日等于和超过105日（最多不超过6 000日)，劳动能力有重大损失的失能伤害。

3）死亡事故是指事故发生后当即死亡（含急性中毒死亡）或负伤后在30日以内死亡的事故（其损失工作日定为6 000日，这是根据我国职工的平均退休年龄和平均死亡年龄计算出来的)。

此种分类是按伤亡事故造成损失工作日的多少来衡量的，而损失工作日是指受伤害者丧失劳动能力（简称失能）的工作日。各种伤害情况的损失工作日数，按《企业职工伤亡事故分类》（GB 6441—1986）中的有关规定计算或选取。

（6）按照事故的类型划分，化工事故可分为泄漏事故、火灾事故、爆炸事故、中毒窒息事故、人身伤害事故等。

（7）按照事故受伤性质分类，常见的有电伤、挫伤、割伤、擦伤、刺伤、撕脱伤、扭伤、倒塌压埋伤、冲击伤等。

4. 什么是事件？什么是未遂事件？

事件是指后果没有达到企业规定的事故统计标准的意外情况。

未遂事件是指一个不希望发生的场景，如果情况稍有不同就可能导致伤害或损失事件。未遂事件虽然没有发生人员伤亡、中毒、财产损失、环境破坏或声誉损害，但后果可能导致上述损失。例如，企业工艺操作参数偏离至安全控制范围之外，安全联锁回路启动，这是一起未遂事件。如果操作参数偏离至安全控制范围之外，安全联锁回路未启动，可能就会导致反应失控，形成事故。

5. 未遂事件分几类？未遂事件的等级是如何划分的？

未遂事件按照事件主要原因可以分为人的不安全行为引发的未遂事件、物的不安全状态引发的未遂事件以及环境的不安全因素引发的未遂事件。

未遂事件按潜在后果的严重性分为一般未遂事件［潜在后果可能导致部门（或子公司）级事故的事件］以及高危未遂事件（潜在后果可能导致企业级事故的事件）。

6. 如何开展安全事故事件管理？

做好安全事故事件管理工作，首要的是建立健全有关规章制度。《关于加强化工过程安全管理的指导意见》（安监总管三〔2013〕88 号）要求，企业要制定安全事件管理制度，加强未遂事故等安全事件（包括生产事故征兆、非计划停车、异常工况、泄漏、轻伤等）的管理。

从安全事故事件的管理角度讲，无论是事故还是事件，都要从事故事件信息上报、原因调查、制定和实施防范措施、事故档案归档、事故教训再教育 5 个环节着手，建立制度，开展工作。

安全事故事件管理的根本目的：一是吸取事故事件教训，防止类似事故发生；二是探索事故发生的规律，掌握安全生产的主动权。企业要全面收集企业和同行业事故信息，定期组织员工就有关事故开展研讨，不断警示企业员工。同时积极探索企业安全生产规律，指导企业安全生产工作。

事故的发生都是有一定征兆的。现阶段化工企业总会存在一些大大小小的安全隐患，这些隐患如果没有及时消除，根据事故奶酪理论，一旦管理防护层的漏洞重合，隐患就会突然爆发转变为突发事件。这种突然爆发的事件，大部分通过及时有效处置或周边环境限制，没有继续扩大成事故而成为安全事件，只有小部分爆发的事件由于处置不及时或处置不当，而现场又存在事态扩展的条件，而最终发展成为后果严重的安全事故。因此隐患是事故事件的根源，事件是潜在的事故，预防事故必须从预防和减少事件着手，抓事故管理必须从抓事件管理开始。

7. 安全事故事件管理制度主要包括哪些内容？

建立生产安全事故事件管理制度应至少包括以下内容：

（1）生产安全事故事件等级的划分。

（2）生产安全事故事件上报的责任、时限和渠道。

（3）生产安全事故事件的调查组的人员组成、职责和工作要求。

（4）生产安全事故事件处理和防范措施落实。

（5）生产安全事故事件调查结果的运用。

（6）生产安全事故事件调查文件的管理要求（安全事故、事件信息管理）。

二、事故事件持续改进要求

1. 如何落实事故事件整改措施？

按照《生产安全事故报告和调查处理条例》（国务院令第 493 号）规定，事故发生单位应当认真吸取事故教训，落实防范和整改措施。

（1）落实事故整改措施。及时消除事故暴露出的人的不安全行为、物的不安全状态与管理制度上的缺陷，尤其是在管理层面存在的不足。管理上的不足是导致事故发生的根本原因。落实事故整改措施的重点是每一条整改措施要落实责任人、整改期限，并且建立跟踪考核机制，确保整改措施落实到位。

（2）做好整改措施落实前安全监控。在落实整改措施时，因为条件限制，不能立即整改的措施，要落实有效的临时监控措施，防止落实整改措施阶段重复发生事故。如果有更好的整改措施时，企业要组织有关专家进行充分论证，并将论证结果记录存档。重伤、死亡及重大泄漏、爆炸、火灾事故防范措施全面完成之后，企业要适时组织对整改措施的有效性进行评估。防范和整改措施的落实情况应当接受企业工会或职工组织的监督。

（3）安全经验分享和事故教训吸取。组织员工学习本企业和同类企业事故事件的经验和教训，是提高员工安全意识和防范事故能力的一项行之有效的做法。每一起事故事件调查结束后，企业要组织有关员工进行深入分析、讨论，使有关员工切实了解事故发生的直接原因、管理原因和安全文化方面原因。深刻吸取事故教训，杜绝同类事故重复发生。

2. 事故预防与控制的原则是什么？

事故预防是通过采用工程技术、管理和教育等手段使事故发生的可能性降到最低；事故控制是通过采用工程技术、管理和教育等手段使事故发生后不造成严重后果或使损害尽可能减小。控制系统危险因素和事故隐患的基本原则主要包括以下几个方面：

（1）消除潜在危险的原则。在本质上消除事故隐患是理想的、积极的、进步的事故预防措施。其根本做法是以新的系统、新的技术和工艺代替旧的不安全的系统和工艺，从根本上消除事故发生的可能性。例如，用不燃材料代替可燃材料，以导爆管技术代替导火索起爆方法，改进机器设备，消除人体操作对象和作业环境的危险有害因素，排除噪声、尘毒对人体的影响等，从本质上实现职业安全卫生。

（2）降低潜在危险有害因素数值的原则。在系统危险不能根除的情况下，尽量降低系统的危险程度。一旦系统事故发生，将使其所造成的后果严重程度控制在最小。例如，手电钻工具采用双层绝缘措施，利用变压器降低回路电压，在高压容器中安装安全阀、泄压阀来抑制危险的发生。

（3）冗余性原则。通过多重保险、后援系统等措施，提高系统的安全系数，增加安全余量。例如，在工业生产中降低额定功率，增加钢丝绳强度，飞机系统的双引擎，系统中增加备用装置或设备等措施。

（4）闭锁原则。在系统中通过一些元器件的机器联锁或电气互锁，可作为保障安全的条件，如冲压机器的安全互锁器等。

（5）薄弱环节原则。在系统中设置薄弱环节，以最小的、局部的损失换取系统的总体安全。如电路中的保险丝、煤气发生炉的防爆膜、压力容器的泄压阀等。它们在危险情况刚出现时就发生破坏，从而释放或阻断能量，以保障整个系统的安全。

（6）坚固性原则。通过增加系统强度来保证安全性，如加大安全系数，提高结构强度等措施。

（7）个体防护原则。根据不同作业性质和条件配备相应的防护用品及用具，如采取被动的措施，以减轻事故和灾害造成的伤害或损失。

（8）代替作业人员的原则。在不可能消除和控制危险有害因素的条件下，以机器、机械手、自动控制器或机器人等代替人的某些操作，防止危险有害因素对人体的危害。

（9）警告和禁止信息原则。采用光、声、色或其他标志作为传递组织和技术信息的目标，以保证安全，如宣传画、安全标志、板报警告等。

3. 生产安全事故发生后，企业如何开展原因分析？

生产安全事故发生后，企业应根据国家相关法律、法规和标准的规定，运用科学的事故分析手段，深入剖析事故事件的根原因，找出安全管理体系的漏洞，从整体上提出整改措施，完善安全管理体系。事故原因一般可以分为 3 种：直接原因、间接原因和根原因。分析事故时，应从直接原因入手，逐步深入到间接原因，最后是分析事故的根原因，从而掌握事故的全部原因，必要时，还应考虑外部原因。

（1）事故的直接原因分析。主要集中在物的不安全状态、人的不安全行为两个方面。

1）分析物的不安全状态主要从以下几个方面考虑：

①安全防护装置，即防护、保险、信号等装置缺失或有缺陷。

②设备、设施、工具、附件有缺陷。

③生产（施工）场地环境不良。

④个人防护用品用具，如防护服、手套、护目镜及面罩、呼吸器官护具、听力护具、安全带、安全帽、安全鞋等缺少或有缺陷。

2）分析人的不安全行为主要从以下几个方面考虑：

①在没有排除故障的情况下操作，没有做好防护或提出警告。

②在不安全的速度下操作。

③使用不安全的设备或不安全地使用设备。

④处于不安全的位置或不安全的操作姿势。

⑤工作在运行中或有危险的设备上，冒险进入危险场所。

（2）事故的间接原因分析。属下列情况者为间接原因：

1）技术和设计上有缺陷，如工业构件、建筑物、机械设备、仪器仪表、工艺过程、操作方法、维修检验等的设计、施工和材料使用存在问题。

2）教育培训不够、未经培训、缺乏或不懂安全操作技术知识。

3）劳动组织不合理。

4）对现场工作缺乏检查或指导错误。

5）没有安全操作规程或不健全。

6）没有或不认真实施事故防范措施，对事故隐患整改不力。

7）其他。

（3）事故根原因分析。事故根原因主要体现在企业安全管理的制度和流程上，为管理上的缺陷，所以，要从制度或流程中找根原因，应从以下几个方面考虑：

1）安全方针的概括性、有效性。

2）组织结构的有效性。

3）安全管理程序和作业指导书等的充分性和有效性。

4）安全管理体系的建立、实施、保持和持续改进状况。

（4）外部原因分析。事故的外部原因有对事故发生有影响的监管因素，供应商的产品与服务因素，自然因素，事故引发人的家庭、遗传、成长环境因素，以及影响组织的政治、经济、文化、法律因素等。分析时，应具体找出其作用点和具体影响作用，为预防事故奠定基础。

4. 企业如何深刻吸取事故教训，制定防范措施？

生产安全事故发生后，企业要积极协助事故调查组做好事故调查工作，通过查明事故经过和事故原因，发现安全生产管理工作的漏洞，从事故中总结教训，并提出整改措施，防止今后类似事故再次发生。重点要抓好以下几个方面的工作：

（1）认真贯彻落实新发展理念，始终坚持“人民至上、生命至上”和“安全第一、预防为主、综合治理”的原则和方针。

（2）强化安全领导力建设。

（3）加强安全生产合规性管理，持续具备法律、法规、标准规定的安全生产条件。

（4）加大安全投入，确保资金投入满足安全生产需要，加大对安全生产、物资、技术、人员投入的保障力度，实施本质安全提升战略。

（5）依法建立安全生产管理机构，建立健全并落实全员安全生产责任制；建立和不断完善各项安全管理制度和安全操作规程；构建以风险管理为核心、涵盖职业安全和过程安全管理等先进的安全生产管理体系并确保有效运行。

（6）按要求上报生产安全事故，做好事故抢险救援，妥善处理医疗救治、依法赔偿等事故善后工作；认真吸取有关事故教训，不发生重复事故。

（7）落实“三管三必须”的法律要求，实施专业安全管理提升战略。

（8）通过加强体系运行情况的内部审核，及时发现企业安全生产存在的短板和不足，集中开展安全专项治理。

（9）实施人才提升战略，构建企业自己的安全管理专业队伍和成熟的操作人员队伍。

（10）构建优秀的企业安全文化。

（11）定期接受外部审计，解决“灯下黑”的问题。

（12）强化考核，狠抓落实，持续改进。

思考题

1. 结合企业实际，简述如何做好事故事件管理。
2. 生产安全事故发生后，企业如何正确分析事故发生的原因？

第四节　生产安全事故报告和调查处理

一、生产安全事故报告

1. 如何上报生产安全事故事件？

生产安全事故事件信息的及时、准确上报是生产安全事故事件管理工作的基础。化工企业生产安全事故事件的报告要简明扼要，讲明时间、地点、事故的简要情况，特别是要尽量讲清涉及危险化学品的情况。

（1）生产安全事故报告。生产安全事故报告分为企业内部报告和企业向政府有关部门报告两种情况。

1）企业向政府有关部门报告事故。生产安全事故损失达到一定程度必须报告当地人民政府有关部门。《生产安全事故报告和调查处理条例》（国务院令第 493 号）第九条规定，事故发生后，事故现场有关人员应当立即向本单位负责人报告；单位负责人接到报告后，应当于 1 h 内向事故发生地县级以上人民政府安全生产监督管理部门（现为应急管理部门）和负有安全生产监督管理职责的有关部门报告。情况紧急时，事故现场有关人员可以直接向事故发生地县级以上人民政府安全生产监督管理部门和负有安全生产监督管理职责的有关部门报告。

《生产安全事故报告和调查处理条例》规定的一般事故是指造成 3 人以下死亡，或者 10 人以下重伤，或者 1 000 万元以下直接经济损失的事故。这个规定并没有给出一般事故下限指标，这对于企业一般事故伤亡或间接损失达到多少，就必须报告当地政府有关部门没有给出明确的要求。只是明确“未造成人员伤亡的一般事故，县级人民政府也可以委托事故发生单位组织事故调查组进行调查”。

事故报告后出现新情况的，应当及时补报。自事故发生之日起30日内，事故造成的伤亡人数发生变化的，应当及时补报。道路交通事故、火灾事故自发生之日起7日内，事故造成的死亡人数发生变化的，应当及时补报。

2）企业内部一般事故报告。企业发生没有达到上报地方政府等级的一般事故，企业内部应该按照自己的事故管理制度及时上报。企业发生一般事故时，为了第一时间组织应急处置，通常应首先报告企业消防、生产调度和安全生产管理部门，同时根据事故涉及的专业，报告相应的管理部门。

（2）安全事件信息报告。加强安全事件的报告管理，有助于分析和研究生产经营活动中事故发生的原因和规律，实现“强化事故事前控制，关口前移”。因此，事件报告要以激励为主，鼓励员工将发生在身边的不安全事件和采取的控制措施及时报告，分享经验教训，为改进管理提供支撑。

2. 生产安全事故报告的内容包括哪些?

根据《生产安全事故报告和调查处理条例》（国务院令第493号）的规定，发生生产安全事故后，事故发生单位向事故发生地县级以上人民政府安全生产监督管理部门和负有安全生产监督管理职责的有关部门报告事故，事故一般应以书面形式报告，情况特别紧急时，可用电话口头初报，随后以书面形式报告。报告内容包括以下几个方面：

（1）事故发生单位概况。

（2）事故发生的时间、地点以及事故现场情况。

（3）事故的简要经过。

（4）事故已经造成或者可能造成的伤亡人数（包括下落不明的人数）和初步估计的直接经济损失。

（5）已经采取的措施。

（6）其他应当报告的情况。

3. 何谓迟报、漏报、谎报、瞒报生产安全事故?

“迟报”是指超过《生产安全事故报告和调查处理条例》或者其他国家有关规定的时限报告事故情况，包括故意拖延不报的。“漏报”是指因过失对应上报的事故或者事故发生的时间和地点、类别、伤亡人数、直接经济损失等内容遗漏未报。“谎报”是指故意不如实报告事故发生单位概况、事故发生的时间和地点、简要经过、现场情况、已经造成和可能造成的伤亡人数、事故类别、直接经济损失等有关内容。“瞒报”是指隐瞒已发生的事故，超过规定时限未向安全监管监察部门和有关部门报告，并经查证属实的。发生生产安全事故后，事故发生单位在限定时限内不主动向法定部门如实报告，在被有关部门发现并开展调查时才不得已告知事故真相的，仍属瞒报事故。

4. 谎报、瞒报生产安全事故的后果是什么?

《生产安全事故报告和调查处理条例》第三十六条规定，事故发生单位及其有关人员有谎报或者瞒报事故的行为，对事故发生单位处 100 万元以上 500 万元以下的罚款；对主要负责人、直接负责的主管人员和其他直接责任人员处上一年年收入 60%~100%的罚款；属于国家工作人员的，并依法给予处分；构成违反治安管理行为的，由公安机关依法给予治安管理处罚；构成犯罪的，依法追究刑事责任。

《刑法》第一百三十九条之一规定，在安全事故发生后，负有报告职责的人员不报或者谎报事故情况，贻误事故抢救，情节严重的，处三年以下有期徒刑或者拘役；情节特别严重的，处三年以上七年以下有期徒刑。

二、生产安全事故的调查处理

1. 事故、事件调查的基本原则是什么?

根据《安全生产法》第八十六条的规定，事故调查处理应当按照科学严谨、依法依规、实事求是、注重实效的原则。事件的调查也要遵循同样的原则。

事故事件调查“四不放过”的原则。即事故事件原因没有查清楚不放过，事故事件责任者没有受到处理不放过，群众没有受到教育不放过，防范措施没有落实不放过。这 4 条原则互相联系，相辅相成，成为一个预防事故事件再次发生的防范系统。

属地分级负责原则。事故的调查处理是依照事故的分类级别来进行的。根据目前我国有关法律、法规的规定，事故调查和处理依据《生产安全事故报告和调查处理条例》（国务院令第 493 号）执行。

2. 如何分级组织事故调查?

依据《生产安全事故报告和调查处理条例》（国务院令第 493 号），根据事故的分级，按如下原则组织调查：

（1）特别重大事故。国务院或者国务院授权有关部门组织调查。

（2）重大事故。事故发生地省级人民政府组织调查。

（3）较大事故。设区的市级人民政府组织调查。

（4）一般事故。县级人民政府。

对于大中型化工企业，也要制定相应的规定，对企业负责调查的事故以及生产安全事件分级组织调查。对于事件的调查，企业可根据事件的性质、分类和分级，可适当减少调查组规模、降低调查的层级。

3. 企业如何配合生产安全事故调查?

《生产安全事故报告和调查处理条例》（国务院令第 493 号）规定，事故发生后，有关单位和人员应当妥善保护事故现场以及相关证据，任何单位和个人不得破坏事故现场、毁灭相关证据。因抢救人员、防止事故扩大以及疏通交通等原因，需要移动事故现场物件的，应当做出标志，绘制现场简图并做出书面记录，妥善保存现场重要痕迹、物证。

事故调查组有权向有关单位和个人了解与事故有关的情况，并要求其提供相关文件、资料，有关单位和个人不得拒绝。

事故发生单位的负责人和有关人员在事故调查期间不得擅离职守，并应当随时接受事故调查组的询问，如实提供有关情况。

任何单位和个人不得阻挠和干涉对事故的报告和依法调查处理。

4. 事故事件调查组的组成部门有哪些? 其职责是什么?

依据《生产安全事故报告和调查处理条例》（国务院令第 493 号），调查组的组成应当遵循精简、效能的原则。根据事故的具体情况，事故调查组由有关人民政府、安全生产监督管理部门、负有安全生产监督管理职责的有关部门、监察机关、公安机关以及工会派人组成。事故调查组可以聘请有关专家参与调查。

对于企业内部的事故事件的调查，调查组应由具备相关专业知识的人员和具有事故调查经验的人员组成，事故事件涉及承包商时应包括承包商有关人员。

依据《生产安全事故报告和调查处理条例》（国务院令第 493 号），调查组的职责有：

（1）查明事故发生的经过、原因、人员伤亡情况及直接经济损失。

（2）认定事故的性质和事故责任。

（3）提出对事故责任者的处理建议。

（4）总结事故教训，提出防范和整改措施。

（5）提交事故调查报告。

5. 事故事件调查的主要内容是什么？

事故事件调查的主要内容有：对事故事件进行全面、细致、深入的调查，查明事故事件的经过，深入调查分析事故事件的直接原因、管理原因和企业安全文化方面的缺陷，有针对性地制定改进和防范措施，是吸取事故事件教训，避免同类事故事件重复发生的关键环节。

（1）事故事件直接原因调查。事故的直接原因可以借助于“事故树”的方法，从物（设备设施）的不安全状态、环境要素和人的不安全行为等方面入手进行调查。涉及危险化学品的事故，有时候需要通过技术分析和相关试验确定事故事件的直接原因，因此有的企业又将直接原因称为技术原因。

（2）事故事件管理原因。为了切实吸取事故事件的教训，查明事故事件的直接原因后，还要分析导致事故事件发生的直接原因背后的管理方面存在的问题，以便堵塞管理漏洞，补齐管理短板。管理原因首先调查分析有关制度、规程是否健全，涉及事故的安全操作要求是否全面、明确，责任是否明确、清晰。在此基础上还要分析事故责任者是否具备相应的能力，从而分析人力资源管理、员工招聘、员工安全教育和技能培训方面是否存在漏洞和短板。如果事故事件有关责任人存在违章行为，还要调查企业日常管理、政治思想工作和安全文化方面存在的问题。

（3）从企业安全文化角度审视事故事件发生的深层次原因。企业发生安全事故事件，追根究底是企业在安全文化方面存在问题。美国化学品事故调查委员会（Chemical Safety and Hazard Investigation Board，CSB）调查化学品事故时，在调查事故的直接原因和管理原因后，还要调查事故企业安全文化方面存在的问题。事故企业安全文化方面的调查，实际上就是调查企业管理者对安全重视程度不够和企业安全方面存在的不良习惯。调查通过查看有关记录、各个层级的访谈等方式，着重发现企业重视安全不够、安全行为规范与"安全第一"理念存在差距等安全生产根本性的问题，从而督促企业改进安全文化，从根本上夯实安全生产的根基。

一些国际知名化工公司在安全管理中，崇尚"无责备文化"，所谓"无责备文化"并不是没有处罚，而是更关注领导与管理的不足，并从事故事件中吸取经验教训，持续改进。

事故调查完成后，应编制事故调查报告，事故调查报告应包含以下内容：

1）事故发生单位概况。

2）事故发生经过和应急处置过程。

3）事故造成的人员伤亡和财产损失情况。

4）事故发生的原因和性质。

5）事故责任认定和责任追究。

6）事故防范和整改措施。

思考题

1. 生产安全事故发生后，企业如何正确分析事故发生的原因？

2. 同类型企业发生事故后，企业应采取哪些事故防范措施？

第五节 危险化学品典型事故案例

一、石油化工企业典型事故

1. 临沂金誉石化有限公司“6·5”罐车泄漏重大爆炸着火事故发生的原因是什么？我们应该从中吸取哪些事故教训？

（1）事故情况简介。2017 年 6 月 5 日 1 时左右，临沂金誉石化公司储运部装卸区的一辆液化石油气运输罐车在卸车作业过程中发生液化石油气泄漏，引起重大爆炸着火事故，装卸区内停放的运输车辆罐体爆炸残骸等飞溅物击中周边设施、物料管廊、液化石油气球罐、异辛烷储罐等，致使两个液化石油气球罐发生泄漏燃烧，两个异辛烷储罐发生燃烧爆炸。冲击波还扩散到控制室，造成控制室损坏。事故共造成 10 人死亡、9 人受伤，直接经济损失 4 468 万元。爆燃事故现场如图 5-3 所示。

图 5-3 金誉石化“6·5”爆燃事故现场

（2）事故原因

1）事故直接原因。肇事罐车驾驶员长途奔波、连续作业，在午夜进行液化石油气卸车作业时，没有严格执行卸车规程，出现严重操作失误，致使快接接口与罐车液相卸料管未能可靠连接，在开启罐车液相球阀瞬间发生脱离，造成罐体内液化石油气大量泄漏。现场人员未能有效处置，泄漏后的液化石油气急剧气化，迅速扩散，与空气形成爆炸性混合气体，达到爆炸极限，遇点火源发生爆炸燃烧。

2）事故间接原因

①该公司未落实安全生产主体责任。对企业存在的安全风险特别是卸车区叠加风险辨识和评估不全面、高风险的管控措施不落实，从业人员素质和化工专业技能不能适应高危行业安全管理的需要。

②特种设备安全管理混乱，未依法取得移动式压力容器充装资质和工业产品生产许可资质，违法违规生产经营，特种设备管理和操作人员不具备相应资格和能力。

③卸载前未严格执行安全操作规程，对快装接口与罐车液相卸料管连接可靠性检查不到位、流体装卸臂快装接口定位锁止部件经常性损坏，更换维护不及时。

④危险化学品装卸管理不到位，连续 24 h 组织作业，10 余辆罐车同时进入装卸现场，超负荷进行装卸。

⑤事故应急管理不到位，预案编制针对性和实用性差，未根据装卸区风险特点开展应急演练和培训，出现泄漏险情时，现场人员未能及时关闭泄漏罐车紧急切断阀和球阀，未及时组织人员撤离，致使泄漏持续超过 2 min 直至遇到点火源发生爆燃，造成重大人员伤亡。

（3）事故教训。事故给予我们的启示及防范措施建议：

1）危险化学品生产、经营、运输企业要加强危险化学品装卸环节的安全管理。建立和完善危险化学品装卸环节的安全管理制度，严格执行危险化学品装卸车操作规程，液化石油气体装卸作业时应对接口连接可靠性进行确认。

2）企业应提高应急管理水平。要针对装卸环节可能发生的泄漏、火灾、爆炸等事故，制定操作性强的事故应急救援预案，特别是完善现场处置方案，定期组织操作人员进行应急预案培训和演练，配备必要的应急救援器材，提高企业事故施救能力。

3）合理组织装卸车作业。要科学评判集中装卸作业可能存在的风险叠加现象，合理布置装车区和待装区，减少人员密集程度和车辆密集程度，防止发生多米诺骨牌效应。

4）加强设备完好性管理，装卸作业时不仅要检查接口可靠性，还要增强容错功能，避免失误现象发生。

5）加强对控制室的抗爆性设计，做到控制室、机柜间不得朝向具有爆炸危险性的生产装置。

2. 大连中石油国际储运有限公司“7·16”特别重大输油管道爆炸火灾的原因是什么？我们应从中吸取哪些事故教训？

（1）事故发生基本情况。2010 年 7 月 16 日 18 时许，大连中石油国际储运有限公司原油罐区输油管道发生爆炸，造成原油大量泄漏并引起火灾，持续燃烧 15 h，事故造成 103 号原油储罐和周边泵房及港区主要输油管道严重损坏，原油流入附近海域，造成环境污染。事故还造成 1 名作业人员失踪，灭火过程中 1 名消防战士牺牲。

该公司一期原油罐区位于大连新港，建有 6 个储罐，库存能力 60 万立方米，二期原油罐区内建有 14 个储罐，库存能力 125 万立方米。地形呈“西高东低、南高北低”。

2010 年 7 月 15 日，油轮开始向该公司原油罐区 304 号原油罐卸油，同时承包商作业人员开始通过罐区内 2 号输油管道排空阀向管道注入硫化氢脱除剂。7 月 16 日 13 时 20 分，加剂人员在接到油船已停止卸油的通知后，仍继续加注硫化氢脱除剂。18 时 2 分，加注点东侧 2 号输油管道立管处发生爆炸，引起火灾，导致 103 号原油储罐起火。18 时 20 分，罐区电力系统损坏，罐区断电，消防系统不能正常工作，罐区阀门不能关闭，致使火势扩大。

16 日 23 时 30 分，经过大连市消防队员扑救后，火势得到初步控制，最初发生爆炸的输油管道（直径 900 mm）大火被扑灭。但是与原油储罐相连的管道（直径 700 mm）仍在燃烧，储罐与输油管线之间阀门被烧坏，无法切断原油，原油从油罐中持续流出、起火。7 月 17 日凌晨，地面流淌的原油通过罐区排水系统出口流入海域，造成污染，至 17 日 14 时左右，火势完全被扑灭。

事故造成 103 号原油储罐（10 万立方米）被完全烧毁，油罐一侧已塌陷，临近的输油管线受损，一期罐区油泵房、计量间、变配电间、消防泵房被烧毁，罐区南部控制室被烧毁。事故现场如图 5-4 所示。被烧毁后的 103 号原油储罐如图 5-5 所示。

图 5-4　事故现场

（2）事故原因

1）事故直接原因。违规进行加剂（硫化氢脱除剂：含 85%双氧水）作业。在油轮暂停卸油作业的情况下，继续加入大量硫化氢脱除剂，造成双氧水在加剂口附近输油管段内局部富集，输油管内高浓度的双氧水与原油及铁锈等杂质接触发生放热反应，致使管内温度升高，在温度升高的情况下，双氧水与管壁接触，亚铁离子促进双氧水的分解，使管内温度和压力加速升高，形成“分解—管内温度、压力升高—分解加快—管内温度、压力快速升高”的连续循环，引起输油管道中双氧水发生爆炸，原油泄漏，引发火灾。

图 5-5 被烧毁后的 103 号原油储罐

2）事故间接原因

①安全主体责任不落实。整个罐区管理混乱，层次较多，没有执行“谁主管、谁负责”的原则，造成安全主体责任不落实，安全监管不到位。

②变更管理不善。此次作业，加剂工艺发生了变更，硫化氢脱除剂生产厂家发生变更，硫化氢脱除剂的活性组分由有机胺类变更为双氧水，但是事故单位没有针对这一变更进行风险分析，没有制定完善的加剂方案。

③事故单位对承包商监管不力。事故单位对加入的硫化氢脱除剂的安全可靠性没有进行科学论证，直接将原油硫化氢脱除处理工作委托给承包商，而承包商又进行了转包。且在加剂过程中，事故单位作业人员在明知已暂停卸油作业的情况下，没有及时制止承包商的违规加注行为。

④加剂方法没有正规设计，加剂方案没有经过科学论证，违反《安全生产法》相关要求。

⑤承包商在加剂作业中存在违规加注行为。其作业人员在经济利益的驱使下，违反设计配比，在原油停输后，将 22.6 t 硫化氢脱除剂加入输油管道。

⑥油罐租赁单位未对硫化氢脱除剂及其使用进行合法性审核和安全论证。

⑦原油接卸过程中指挥协调不力，层次较多，管理混乱。

⑧应急设施基础薄弱。事故造成电力系统损坏，消防设施失效，罐区停电，使得其他储罐的电控阀门无法操作，无法及时关闭周围储罐的阀门，导致火灾规模扩大。

（3）事故教训

1）认真做好重大危险源场所的总体规划。此次事故中，整个大连大孤山地区规划油品库容达到 2 000×10^4 m^3 左右，分 5 个台阶建设，高差达到 76 m，所储存油品包括原油、成品油、化工原料和 LNG。此次事故中，溢出的原油向低洼处蔓延，形成流淌火，流淌火流入库区外和相邻库区，造成大连港集团的南罐区油泵房和管道爆炸起火，威胁到整个保税区所有油库的安全。港区内原油等危险化学品大型储罐集中布置是造成事故险象环生的重要因素。在建设原油、成品油、化工原料和 LNG 等大库容、多品种储存基地前，应进行详细的安全论证，充分考虑定量风险评估的结果，确保一个库区发生事故时，不会影响到整个库区的安全。

在单个企业乃至化工园区重大危险源布局时，同样要考虑单一企业或单一储罐发生火灾时，对相邻储罐或相邻企业的影响。要在严格遵守各项防火标准规范的基础上，运用定量评估方法科学评估事故后果波及范围，合理布局易燃液体储罐，确保重大危险源火灾损失降低到最小。

2）高度重视重大危险源场所的供电保障。此次事故发生初期，火灾使罐区高架电力系统迅速瘫痪，罐区停电，其他储罐的电控阀门无法操作，不能及时关闭周围储罐的阀门，并使消防系统不能正常工作，给火灾规模的扩大提供了条件。对于重大危险源场所的供电设计，应按照《供配电系统设计规范》（GB 50052—2009）的要求合理确定供电负荷等级。对于可能导致严重后果的重大危险源，应至少采用双回路电源线路供电，同时设置移动式应急柴油发电机组，确保在断电情况下，保证重要设备的供电。

3）确保储罐紧急切断阀在事故状态下有效使用。此次事故中，发生火灾的罐区每个罐组集中设置了一个阀组，虽然方便了生产操作维护和防冻，但一旦阀组处发生火灾，罐组中各罐控制阀门会全部烧毁，导致不能有效阻止罐内物料的外流。在选用储罐紧急切断阀时，应充分考虑事故情形下储罐紧急切断阀的正常使用，应按照故障安全型原则选用和设计，必要时设置双阀，确保在发生事故时能有效切断物料。

4）重视变更可能带来的风险并进一步强化变更管理。此次事故的一个重要原因是变更管理不善，事故单位的加剂工艺发生了变更，硫化氢脱除剂的活性组分由有机胺类变更为双氧水，但是事故单位没有针对这一变更进行风险分析，没有制定完善的加剂方案。在采用新工艺后，没有加强对现场作业的监管，从而导致在加剂过程中发生严重事故。

企业应高度重视变更管理工作，清醒认识到变更可能给工艺和设备运行可能带来的风险。当生产工艺或工艺流程变更时，需要对生产工艺及操作过程进行全面的安全性评估，识别和分析影响安全性的关键因素和作业环节。要进行科学的安全论证，全面辨识可能出现的安全风险，采取针对性的防范措施，确保安全。要按照“申请—审批—实施—验收”的管理程序做好变更的全过程管理工作，强化变更风险管控。

5）加强对承包商的现场监管。在此次事故发生前，承包商配制了 90 t 原油硫化氢脱除剂，在加剂过程中由于软管鼓泡、硫化氢脱除剂泄漏、软管与泵连接口处脱落等原因耽误了 4 h。在原油停输后，仍坚持把剩余硫化氢脱除剂加入原油中，事故单位的现场监管人员对其违规行为未加制止。

企业应加强对承包商的管理，尤其是在重大危险源场所实施作业过程中的安全监管，坚决杜绝非法转包、以包代管现象，加强重大危险源场所直接作业过程的安全监督和管理，严格查处“三违”行为，实现安全作业。

6）加强对事故应急池的管理工作。涉及存储可燃、易燃危险化学品的企业，应高度重视对事故应急池的管理，在加强对防火堤的维护，防止堤内液体渗漏到堤外的同时，要做好罐区排水系统的管理，保证污水泵完好可用，污水池有效容积要满足事故情况下承载事故污水的需要。

7）充分发挥重大危险源包保人的职责作用。重大危险源场所一旦发生事故，往往后果严重。此次事故也暴露出企业管理层级繁杂、职责不清、疏于作业现场管理的问题。重大危险源各级包保负责人要承担自己应尽的责任，按照包保责任制的要求，落实各自主体责任。技术负责人要加强对承包商和变更的管理，操作负责人要加强作业现场的安全管理，做到齐抓共管，才能确保重大危险源的安全。

二、精细化工企业典型事故

1. 浙江林江化工公司“6·9”爆炸事故发生的原因是什么？我们应该从中吸取哪些事故教训？

（1）事故情况简介。2017 年 6 月 9 日 2 时 16 分左右，浙江林江化工公司 2 车间在产品中试过程中发生一起爆炸事故，造成 3 人死亡，1 人受伤，直接经济损失 525 万元。

林江化工公司主要从事氟精细化学品的研发、生产与销售。2016 年底，林江化工公司获得农药新产品唑啉草酯（代号 ZL）生产技术。该产品是新苯基吡唑啉类除草剂，合成工艺流程是以 2，6-二乙基-4-甲基苯胺为原料，经重氮化、偶联、硫酸水解、缩合、酯化等，一共分 9 步反应制得。

2017 年 6 月 5 日，企业决定在 2 车间进行唑啉草酯的中试。6 月 8 日晚班，操作人员在把前道工序得到的物料（中间体［1，4，5］氧二氮杂庚烷和二氯甲烷混合溶液）进行脱溶作业（回收二氯甲烷）时，反应釜发生爆炸，DCS 室画面显示温度由 65 ℃瞬间上升到 200 ℃以上（超出量程），现场伴有浓烟和火光。

（2）事故原因

1）事故直接原因。林江化工公司在未经全面论证和风险分析、不具备中试安全生产条件的情况下，在 500 mL 规模小试的基础上放大 10 000 倍进行试验，在进行中间体［1，4，5］氧二氮杂庚烷脱溶作业后期物料浓缩时，由于加热方式不合理、测温设施无法检测釜内液体的真实温度等原因，使浓缩的［1，4，5］氧二氮杂庚烷温度过高发生剧烈热分解，导致设备内压力骤升并发生爆炸。

2）事故间接原因

①企业不重视安全生产，法律意识差，盲目追求经济利益，产品研发试验不尊重客观规律，违规开展中试，且对化工产品试验过程中的风险认识严重不足，在设备不具备安全条件的情况下，从 500 mL 规模小试直接放大 10 000 倍进行新

产品试验，违反试验性项目安全管理相关规定。

②企业安全管理混乱。企业未经安全审查，未经相应的安全设计和论证，擅自改造在役生产装置用作中试试验，安全设施缺乏。技术、生产、安全等岗位人员不认真履行职责，对风险未实施有效管理，未对试验性项目开展反应风险评估和系统风险分析，导致物料热稳定性以及反应风险参数等工艺安全信息缺失，所设置的操作参数（脱溶温度达 100 ℃）严重偏离安全范围。

③企业安全教育培训不到位。因保密等因素，在未编制试验工序、安全操作规程的情况下，盲目展开中试，且多个主要物料采用代号，未作技术交底和风险告知；参加中试人员未经专门教育培训，对具体工艺和物料情况缺乏了解，盲目操作，对企业违规开展中试行为未能向监管部门投诉、举报。

（3）事故教训

1）重视生产过程中的风险分析与评估。精细化工企业要按照《关于加强精细化工反应安全风险评估工作的指导意见》（安监总管三〔2017〕1 号）的要求，在研发、试验新项目时，必须系统、全面地开展各步骤的风险分析，对实验过程中性质不明的中间产物，必须开展热分解测试等风险评估工作。尤其是要按照《危险化学品生产建设项目安全风险防控指南（试行)》的要求，对涉及硝化、氯化、氟化、重氮化、过氧化工艺的精细化工生产装置开展有关产品生产工艺全流程的反应安全风险评估，并对相关原料、中间产品、产品及副产物进行热稳定性测试和蒸馏、干燥、储存等单元操作的风险评估。依据风险评估结果，提出有效的安全防范措施，制定安全操作规程，明确各项关键工艺参数的安全控制范围，制定事故应急预案，并结合风险评估的结果，有针对性地提高完善化工设备特别是中试设备的本质安全设计。

2）牢固树立风险意识。要充分认识到精细化工反应过程中一旦失控可能存在的风险及造成的后果，要通过开展反应风险评估以及对生产过程涉及的原料、中间产品、副产品等开展热稳定性分析，对其可能出现的风险有所预知、预判。

3）加强对中试装置的安全管理。对于涉及危险化学品（含原料、中间产品、副产品）的中试和扩大性试验项目，必须进行安全论证，严禁在危险化学品工业化生产装置上进行试验性生产，中（扩）试装置必须单独设置，并请有相应资质的单位进行设计和施工建设。同时中试试验应逐步放大试验规模，切忌盲目放大实验规模。

另外，同一中试装置作业场所人数原则上不超过 3 人，避免造成群死群伤事故。中试装置与生产系统、装置相关联的，必须有紧急切断、隔离等措施。

4）重视蒸馏工艺的安全操作。精细化工企业多采用蒸馏工艺脱除物料中的有机溶剂。蒸馏工艺虽未列入重点监管的危险工艺，但也具有一定的危险性。尤其是蒸馏温度控制不当或釜液液位偏低，造成过度蒸馏，容易造成“干锅”现象。对于热稳定性较差的釜底残留物，可能受热分解，引发不期望反应发生。蒸馏工艺的操作应配备温度、压力、液位监测仪表，并设置相应安全联锁，避免出现过度蒸馏现象。

5）不断加强员工培训管理。一是要加强对员工安全生产知识及安全操作规程的培训，使各级人员掌握项目生产工艺原理、各环节可能潜在的风险、相应管理措施及应急处置措施等。二是要加强异常工况及紧急情况下的应急处置培训，对于生产过程中突发的异常工况及其他紧急情况能迅速分析判断原因，依据安全操作规程，及时采取行之有效的应急措施，遏制事态发展。

2. 宜宾恒达科技公司“7・12”重大爆燃着火事故发生的原因是什么？我们应该从中吸取哪些事故教训？

（1）事故情况简介。2018 年 7 月 12 日 18 时许，四川宜宾恒达科技公司发生重大爆炸着火事故，造成 19 人死亡、12 人受伤，直接经济损失约 4 142 万元。

事故装置为生产咪草烟的 2-氨基-2，3- 二甲基丁酰胺（以下简称丁酰胺）脱水装置，咪草烟合成过程中，原料丁酰胺的脱水，采取加入甲苯并升温，利用甲苯和水互不相溶，与水形成共沸物，共沸物冷凝后在分层器分为两层，实现水与甲苯的分离。

2018 年 7 月 12 日 11 时 30 分左右，某物流公司将 2 t 标注为原料的 COD 去除剂（实为氯酸钠）送达宜宾恒达公司仓库。库管员未对入库原料进行认真核实，将其作为原料丁酰胺进行了入库处理。14 时左右，二车间到库房领取咪草烟生产原料丁酰胺，库管员将“丁酰胺”（实为氯酸钠）发出，二车间咪草烟生产岗位的当班人员通过升降机将生产原料“丁酰胺”提升到二车间三楼堆放。17时20分前，操作人员将“丁酰胺”投入釜中并通蒸汽进行升温脱水作业。18时42分33秒，反应釜发生化学爆炸。爆炸导致反应釜严重解体，随釜体解体过程冲出的高温甲苯蒸气，迅速与外部空气形成爆炸性混合物并产生二次爆炸，同时引起车间现场存放的氯酸钠、甲苯与甲醇等物料殉爆和二车间、三车间着火燃烧，进一步扩大了事故后果，造成重大人员伤亡和财产损失。

（2）事故原因分析。直接原因是宜宾恒达公司在生产咪草烟的过程中，操作人员将无包装标识的氯酸钠当作丁酰胺，补充投入到釜中进行脱水操作。在搅拌状态下，丁酰胺—氯酸钠混合物形成具有迅速爆燃能力的爆炸体系。开启蒸汽加热后，丁酰胺—氯酸钠混合物的撞击感度随着釜内温度升高而升高，引起釜内的丁酰胺—氯酸钠混合物发生化学爆炸，爆炸导致釜体解体；随釜体解体过程冲出的高温甲苯蒸气，迅速与外部空气形成爆炸性混合物并产生二次爆炸，引起车间现场存放的氯酸钠、甲苯与甲醇等物料殉爆殉燃和二车间、三车间着火燃烧，进一步扩大了事故后果，造成重大人员伤亡和财产损失。

（3）事故教训

1）抓好工艺安全信息管理。事故企业以配方保密、物料名称不公开为由，要求供货商提供原料时，故意不标注物料的准确名称，致使错误物料进入库内，不能准确向员工提供物料的安全信息，最终导致事故发生。精细化工企业具有产量少、品种多、技术难获取的特点，实行技术保密无可厚非，但不能以技术保密而放弃安全，更不能以技术保密为由拒绝接受安全监管部门的检查。

2）加强从业人员的素质提升。事故企业从业人员大多为务工人员，学历以初中居多，连车间主任也是初中毕业刚入厂不久，不符合国家对从事危险化学品生产的人员必须在高中以上学历的要求。员工技术素质和应急能力的低下，普遍缺乏化工安全生产基本常识和基本操作技能，不清楚本岗位生产过程中存在的安全风险，不能严格执行工艺指标，不能有效处置生产异常情况，也间接导致了事故后果的扩大。

3）加强危险场所的安全管理。精细化工企业因反应机理不清、反应失控后后果难以预测而频频发生事故。精细化工企业除按照规定要求认真开展反应安全风险评估以外，还要对控制室、机柜间、交接班室、巡检室、操作室等人员密集场所进行抗爆加固，对涉及爆炸危险性化学品的生产装置控制室、交接班室应搬迁到装置区外，不得布置在装置区内。

4）提升生产装置自动化控制水平。事故企业安全投入严重不足，无自动化控制系统、安全仪表系统、可燃和有毒气体泄漏报警系统等安全设施，本质安全水平低下。精细化工企业要不断提升自动化控制水平，努力减少现场作业人数，避免恶性事故的发生。

3. 江苏连云港聚鑫生物公司“12·9”重大爆炸事故发生的原因是什么？我们应该从中吸取哪些事故教训？

2017 年 12 月 9 日 2 时 9 分左右，连云港市聚鑫生物公司间二氯苯生产装置发生爆炸事故，导致装置所在的四车间和相邻的六车间坍塌，造成 10 人死亡、1 人轻伤，直接经济损失 4 875 万元。

（1）事故装置基本情况。事故装置为该公司间二氯苯生产装置，位于聚鑫公司四车间，原料是该公司三车间生产的固体间二硝基苯。

间二氯苯生产过程涉及氯化工艺，该公司对氯化反应釜设置了 DCS 系统，对液氯气化装置设置了安全仪表系统，但间二硝基苯的脱水、保温釜压料为人工操作。

事故装置原设计保温釜物料压入高位槽的介质为氮气，2017 年 6 月左右，因制氮机损坏，企业擅自改用压缩空气。

（2）事故经过。2017 年 12 月 8 日 19 时左右，该公司四车间尾气处理操作工发现尾气处理系统真空泵处冒黄烟，随即报告班长甲。班长甲检查确认后，将通往活性炭吸附器的风门开到最大，黄烟不再外冒。

19 时 39 分左右，氯化操作工乙到 1 号保温釜用压缩空气（原应使用氮气）将釜内物料压送到 1 号高位槽。

19 时 44 分左右，放料工将 1 号脱水釜中的间二硝基苯和残液蒸馏回收的杂 2、杂 3 一并放入 1 号保温釜内。20 时 4 分放料结束。放料前保温釜温度为

127 ℃，放料后温度降为 123 ℃，指标正常。

21 时左右，真空泵处再次冒黄烟。班长甲认为氯化水洗尾气压力高，关闭了脱水釜、保温釜尾气与氯化水洗尾气在三级碱吸收前连通管道上的阀门，黄烟基本消失。

21 时 35 分左右，车间控制室内操工告诉氯化操作工乙 1 号保温釜温度突然升高，要求检查温度、确认保温蒸汽是否关闭。氯化操作工乙到现场观察温度约为 152 ℃，随即手动紧了一圈夹套蒸汽阀。

22 时 42 分左右，班长甲在车间控制室看到 DCS 系统显示 1 号保温釜温度“150 ℃？”（已超 DCS 量程上限 150 ℃），认为是远传温度计损坏，未做相应处置。

23 时 30 分左右，班长甲所在班组与夜班班长丙所在班组 7 人进行了交接班。

接班后，23 时 57 分左右，班长丙所在班组精馏操作工发现 1 号高位槽顶部冒黄烟，报告班长丙，班长丙和七车间前来协助处理的班长丁等人赶到现场，班长丙到 1 号高位槽操作平台进行处理，黄烟变小后，人员全部离开了现场。

12 月 9 日 0 时 14 分左右，班长丙认为 1 号保温釜 DCS 温度显示异常，又来到 1 号保温釜，打开保温釜紧急放空阀，没有烟雾排出又关闭放空阀。

1 时 1 分左右，班长丙又到 1 号保温釜，打开 1 号保温釜紧急放空阀，有大量烟雾冒出，接着关闭紧急放空阀并离开。

2 时 5 分左右，氯化操作工戊接到内操工指令，到 1 号保温釜进行压料操作，氯化操作工庚协助，精馏操作工己也在现场。

2 时 5 分 31 秒，氯化操作工庚关闭了 1 号保温釜放空阀，氯化操作工戊打开压缩空气进气阀向 1 号高位槽压料，氯化操作工庚观察压料情况。

2 时 8 分 41 秒，氯化操作工戊关闭压缩空气进气阀，看到 1 号保温釜压力快速上升；9 分 2 秒，氯化操作工庚快速打开 1 号保温釜放空阀进行卸压；9 分 30 秒，1 号保温釜尾气放空管道内出现红光，紧接着保温釜釜盖处冒出淡黑色烟雾，氯化操作工戊、氯化操作工庚、精馏操作工己 3 人迅速跑离现场。

2 时 9 分 49 秒，保温釜内喷出的物料发生第一次爆炸；9 分 59 秒，现场发生了第二次爆炸。这次爆炸造成四车间及相邻六车间厂房坍塌，设备部件飞出，如图 5-6 所示。

图 5-6 爆炸造成设备部件飞出

事故共造成 10 人死亡、1 人轻伤。死亡人员均为聚鑫公司职工，其中四车间 3 人、六车间 7 人。事故造成直接经济损失 4 875 万元。

（3）事故原因

1）事故直接原因。尾气处理系统的氮氧化物（夹带硫酸）串入 1 号保温釜，与釜内加入的间硝基氯苯、间二氯苯、1，2，4-三氯苯、1，3，5-三氯苯和硫酸根离子等回收残液形成混酸，在绝热高温下，与釜内物料发生化学反应，持续放热升温，并释放氮氧化物气体（冒黄烟），使用压缩空气压料时，高温物料与空气接触，反应加剧，紧急卸压放空时，遇静电火花燃烧，釜内压力骤升，物料大量喷出，与釜外空气形成爆炸性混合物，遇火源发生爆炸。

2）事故间接原因

①该企业间二氯苯生产工艺没有正规技术来源，也没有委托专业机构进行工艺计算和施工图设计；总平面布置、设备选型和安装、管线走向等全凭企业人员经验决定。

②在未取得危险化学品安全生产许可证的情况下，违法组织生产。

③自动控制水平低，间二氯苯生产装置保温釜压料、反应釜进料、精制单元均没有实现自动控制，仍采用人工操作。

④变更管理严重缺失。未执行变更管理要求，擅自取消保温釜爆破片，使设备安全性能降低；擅自更改压料介质，擅自改造环保尾气系统，造成事故隐患。

⑤操作人员资质不符合规定要求。事故车间绝大部分操作工均为初中及以下文化水平，特种作业人员未持证上岗。

（4）事故教训

1）突出重点环节，加强工艺安全管理。精细化工企业必须系统、全面地开展各步骤的风险分析，按照《危险化学品生产建设项目安全风险防控指南（试行）》要求，对涉及硝化、氯化、氟化、重氮化、过氧化工艺的精细化工生产装置开展有关产品生产工艺全流程的反应安全风险评估，并对相关原料、中间产品、产品及副产物进行热稳定性测试和蒸馏、干燥、储存等单元操作的风险评估。依据风险评估结果，提出有效的安全防范措施，制定安全操作规程，明确各项关键工艺参数的安全控制范围，制定事故应急预案，并结合风险评估的结果，有针对性地提高完善化工设备特别是中试设备的本质安全设计。

2）规范变更管理。从事故经过可以看出，企业随意改变了压料所用的介质，没有履行变更手续，没有经过各级人员的严格审核，忽视了变更中可能带来的风险。使本应该通过各级严格审核、可以发现的隐患酿成事故。应按照《关于加强化工过程安全管理的指导意见》（安监总管三〔2013〕88 号）的要求，对变更风险进行分析，并针对风险提出控制措施。同时，及时修订变更所涉及的安全操作规程等，将变更相关信息及时传递到所涉及的有关人员。

3）企业应加强安全管理水平。建立健全企业安全生产管理制度，加强日常安全教育培训，落实企业安全生产主体责任，严禁在未取得危险化学品安全生产许可证的前提下，违法组织生产。

三、氯碱企业典型事故

河北盛华化工公司“11·28”事故发生的原因是什么？我们应该从中吸取哪些事故教训？

2018 年 11 月 28 日 0 时 40 分 55 秒，河北盛华化工有限公司氯乙烯泄漏扩散至厂外区域，遇火源发生爆燃，造成 24 人死亡、21 人受伤，直接经济损失 4 148.8 万元。

（1）事故经过。2018 年 11 月 27 日 23 时，盛华化工公司聚氯乙烯车间氯乙烯工段丙班接班。班长甲、精馏岗 DCS 操作员乙以及精馏巡检工丙、丁等人上岗。接班后，操作员乙在中控室盯岗操作，班长甲在中控室查看转化及精馏数据，未见异常。23 时 20 分左右，精馏巡检工丙和丁从中控室出来，直接到巡检室。

28 日零时 36 分 53 秒，DCS 运行数据记录显示，压缩机入口压力降至 0.05 kPa。中控室视频显示，操作员乙在之后 3 min 内进行了操作；DCS 运行数据记录显示，回流阀开度在约 3 min 时间内由 30%调整至 80%。零时 39 分 19 秒，DCS 运行数据记录显示，气柜高度快速下降，操作员乙用对讲机呼叫精馏巡检工丙，告知气柜液位波动，通知其去检查。随后，操作员乙用手机向班长甲汇报气柜波动大。

班长甲在零时 41 分左右，听见爆炸声，看见厂区南面起火，立即赶往中控室通知调度室。经请示后，通知转化岗 DCS 操作员启动紧急停车程序，同时班长甲、精馏巡检工丙、丁一起打开球罐区喷淋水，随后对氯乙烯打料泵房及周围进行灭火。

（2）事故原因

1）事故直接原因。1 号氯乙烯气柜长期未按规定检修，事发前氯乙烯气柜卡顿、倾斜，开始泄漏，压缩机入口压力降低，操作人员没有及时发现气柜卡顿，仍然按照常规操作方式调大压缩机回流，导致进入气柜的气量加大，加之调大过快，氯乙烯冲破环形水封出现泄漏，并向厂区外扩散，当蔓延到工厂对面的某公司厂区内时，遇该公司处于通电状态下的箱型高温炉产生的高温，发生爆燃。

由于 310 省道盛华化工公司所在路段存在车辆长期违规停车现象，未得到及时解决，致使事故造成停车场内人员死亡，7 辆大货车、5 辆小型车损毁，如图 5-7 所示。同时停在路边等待卸货的车辆也受到波及，并造成人员伤亡。

2）事故间接原因

①盛华化工公司设备设施管理缺失，违反公司关于气柜需定期维护检修的规

图 5-7　事故导致停车场内汽车损毁

定，1 号氯乙烯气柜长期未按规定检修，导致氯乙烯气柜卡顿、倾斜，设备腐蚀严重，如气柜钟罩腐蚀穿孔，未及时修复。

②盛华化工公司工艺管理薄弱，操作纪律松弛。安全操作规程不具有可操作性，装置参数记录简单。操作人员对装置异常工况处置不当，泄漏发生后，企业应对不及时、不科学，没有相应的应急响应能力。

③盛华化工公司控制仪表、安全仪表管理不规范。氯乙烯压缩机实际设置了压力控制回路（氯乙烯压缩机入口压力控制回流阀），但一直处于手动调节，无法自动调节；中控室经常关闭可燃、有毒气体报警声音，对各项报警习以为常，没有及时应对。

④盛华化工公司风险管控能力不足。厂区外南侧道路改造升级后，对高风险装置设施氯乙烯气柜、球罐重视不够，风险管控措施不足，对环境改变带来的安全风险认识不够、意识淡薄、管控能力差，造成风险外溢。

⑤公司劳动纪律涣散，不能对生产装置实施有效监控。隐患排查治理不到位，未认真落实隐患排查治理制度。

（3）事故教训

1）加强设备管理，严格按照设备检修规程做好设备的日常维护保养和计划检修工作，确保设备设施完好性。

2）严格工艺管理，不断提高员工操作技能，完善工艺参数的过程报警、操作记录的管理。制定氯乙烯专项管理制度和管控措施，采取可靠的技术手段和管理措施，防止液相氯乙烯泄漏到气柜。

3）加强生产管理，严格执行巡检管理制度、交接班等制度，加强对关键设备、重点部位的管控，保证生产安全平稳运行。强化安全教育培训，提升各类人员安全管理素质。

4）开展外部安全防护距离评估工作，切实做好总图布局，严格控制风险，杜绝风险外溢现象。

5）强化安全领导力，发挥企业各级管理人员的示范效应，严格落实主体责任，安全责任到岗位、到人员。

思考题

1. 山东日照市石大科技有限公司“7·16”液化石油气爆炸事故发生的原因是什么？我们应该从中吸取哪些事故教训？

2. 河南义马气化厂“7·19”重大爆炸事故发生的原因是什么？我们应该从中吸取哪些事故教训？

3. 腾龙芳烃（漳州）有限公司“4·6”爆炸着火事故的原因是什么？我们应该从中吸取哪些事故教训？

第六章 工伤保险与工伤预防

第一节　工伤保险基础知识

一、工伤保险的特点及适用范围

1．工伤保险的特点有哪些？

（1）具有补偿性。工伤保险是法定的强制性社会保险，是通过对受害人实施医疗救治和给予必要的经济补偿以保障其经济权利的补救措施。从根本上说，它是由政府监管、社保机构经办的社会保障制度。

（2）权利主体的特定性。享有工伤保险权利的主体只限于用人单位的职工或者雇工，其他人不能享有这项权利。如果在单位发生生产安全事故时对职工或者雇工以及其他人造成伤害，只有本单位的职工或者雇工可以得到工伤保险补偿，而受到事故伤害的其他人则不能享有这项权利。所以，工伤保险补偿权利的权利主体是特定的。

（3）义务和责任主体的法定性。依照《安全生产法》和《工伤保险条例》的规定，生产经营单位和用人单位有为从业人员办理工伤保险、缴纳保险费的义务，这就确定了生产经营单位和用人单位是工伤保险的义务和责任主体。不履行这项义务，就要承担相应的法律责任。

（4）无责任补偿。按照国际惯例和我国立法，工伤保险补偿实行“无责任补偿”，即无过错补偿的原则，这是基于职业风险理论确立的。这种理论从最大限度地保护职工权益的理念出发，认为职业伤害不可避免，职工无法抗拒，不能以受害人是否负有责任来决定是否补偿，只要因公受到伤害就应补偿。基于这种理论，工伤保险不强调造成工伤的原因、过错及其责任，只要确认职工在法定情形下发生工伤，就依法享有获得经济补偿的权利。

（5）社会共济方式的风险补偿。按照无责任补偿原则，工伤补偿风险的第一承担者本应是企业或者业主，但是工伤保险是以社会共济方式确定补偿风险承担者的，因此不需要企业或者业主直接负责补偿，而是将补偿风险转由社保机构承担，由社保机构负责支付工伤保险补偿金。只要企业或者业主依法足额缴纳了工伤保险费，那么工伤补偿的责任就要由社保机构承担。工伤保险实际上是一种转移工伤补偿的风险和责任的社会共济方式。

2. 工伤保险的适用范围有哪些？

依据《工伤保险条例》第二条的规定，中华人民共和国境内的企业、事业单位、社会团体、民办非企业单位、基金会、律师事务所、会计师事务所等组织和有雇工的个体工商户（以下称用人单位）应当依照本条例规定参加工伤保险，为本单位全部职工或者雇工（以下称职工）缴纳工伤保险费。中华人民共和国境内的企业、事业单位、社会团体、民办非企业单位、基金会、律师事务所、会计师事务所等组织的职工和个体工商户的雇工，均有依照本条例的规定享受工伤保险待遇的权利。

依据《工伤保险条例》第六十六条的规定，无营业执照或者未经依法登记、备案的单位以及被依法吊销营业执照或者撤销登记、备案的单位的职工受到事故伤害或者患职业病的，由该单位向伤残职工或者死亡职工的近亲属给予一次性赔偿，赔偿标准不得低于本条例规定的工伤保险待遇。

用人单位不得使用童工，用人单位使用童工造成童工伤残、死亡的，由该单位向童工或者童工的近亲属给予一次性赔偿，赔偿标准不得低于本条例规定的工伤保险待遇。

二、工伤保险费的管理

1. 企业如何缴纳工伤保险费?

（1）确定费率的原则。依据《工伤保险条例》的规定，工伤保险费根据以支定收、收支平衡的原则确定费率。工伤保险实行用人单位缴纳保险费的方式，建立工伤保险社会统筹基金。

（2）费率的制定。依据《工伤保险条例》的规定，国家根据不同行业的工伤风险程度确定行业的差别费率，并根据工伤保险费使用、工伤发生率等情况在每个行业内确定若干费率档次。

（3）工伤保险费的缴纳。依据《工伤保险条例》的规定，用人单位应当按时缴纳工伤保险费，职工个人不缴纳工伤保险费。用人单位缴纳工伤保险费的数额为本单位职工工资总额（用人单位直接支付给本单位全部职工的劳动报酬总额）乘以单位缴费费率之积。

2. 企业如何使用工伤保险基金?

依据《工伤保险条例》的规定，工伤保险基金存入社会保障基金财政专户，用于《工伤保险条例》规定的工伤保险待遇，劳动能力鉴定，工伤预防的宣传、培训等费用，以及法律、法规规定的用于工伤保险的其他费用的支付。

任何单位或者个人不得将工伤保险基金用于投资运营、兴建或者改建办公场所、发放奖金，或者挪作其他用途。

思考题

1. 专职安全生产管理人员如何做好工伤预防的宣传工作?
2. 企业如何做好工伤保险费的管理工作?

第二节　工伤认定及工伤保险待遇

一、工伤认定的范围

1. 应当认定为工伤的情形有哪些？

依据《工伤保险条例》第十四条的规定，职工有下列情形之一的，应当认定为工伤：

（1）在工作时间和工作场所内，因工作原因受到事故伤害的。

（2）工作时间前后在工作场所内，从事与工作有关的预备性或者收尾性工作受到事故伤害的。

（3）在工作时间和工作场所内，因履行工作职责受到暴力等意外伤害的。

（4）患职业病的。

（5）因工外出期间，由于工作原因受到伤害或者发生事故下落不明的。

（6）在上下班途中，受到非本人主要责任的交通事故或者城市轨道交通、客运轮渡、火车事故伤害的。

（7）法律、行政法规规定应当认定为工伤的其他情形。

2. 视同工伤的情形有哪些？

依据《工伤保险条例》第十五条的规定，职工有下列情形之一的，视同工伤：

（1）在工作时间和工作岗位，突发疾病死亡或者在 48 h 之内经抢救无效死亡的。

（2）在抢险救灾等维护国家利益和公共利益活动中受到伤害的。

（3）职工原在军队服役，因战、因公负伤致残，已取得革命伤残军人证，到用人单位后旧伤复发的。

因故意犯罪、醉酒或者吸毒、自残或者自杀的等情形，不得认定为工伤或者视同工伤。

二、工伤认定及工伤医疗补偿规定

1. 如何申请工伤认定？

职工发生事故伤害或者按照《职业病防治法》规定被诊断、鉴定为职业病，所在单位应当自事故伤害发生之日或者被诊断、鉴定为职业病之日起30日内，向统筹地区社会保险行政部门提出工伤认定申请。遇有特殊情况，经报社会保险行政部门同意，申请时限可以适当延长。

用人单位未按规定提出工伤认定申请的，工伤职工或者其近亲属、工会组织在事故伤害发生之日或者被诊断、鉴定为职业病之日起1年内，可以直接向用人单位所在地统筹地区社会保险行政部门提出工伤认定申请。用人单位未在规定的时限内提交工伤认定申请，在此期间发生符合规定的工伤待遇等有关费用由该用人单位负担。

2. 申请工伤认定应提交哪些材料？

依据《工伤保险条例》第十八条的规定，提出工伤认定申请，应当提交工伤认定申请表、与用人单位存在劳动关系（包括事实劳动关系）的证明材料、医疗诊断证明等材料。工伤认定申请表应当包括事故发生的时间、地点、原因以及职工伤害程度等基本情况。

3. 工伤医疗补偿的规定有哪些？

依据《工伤保险条例》的规定，职工因工作遭受事故伤害或者患职业病进行治疗，享受工伤医疗待遇。职工治疗工伤应当在签订服务协议的医疗机构就医，情况紧急时可以先到就近的医疗机构急救。治疗工伤所需费用符合工伤保险诊疗项目目录、工伤保险药品目录、工伤保险住院服务标准的，从工伤保险基金支付。职工住院治疗工伤的伙食补助费，以及经医疗机构出具证明，报经办机构同意，工伤职工到统筹地区以外就医所需的交通、食宿费用从工伤保险基金支付，基金支付的具体标准由统筹地区人民政府规定。

工伤职工治疗非工伤引发的疾病，不享受工伤医疗待遇，按照基本医疗保险办法处理。工伤职工到签订服务协议的医疗机构进行工伤康复的费用，符合规定的，从工伤保险基金支付。

工伤职工因日常生活或者就业需要，经劳动能力鉴定委员会确认，可以安装假肢、矫形器、假眼、假牙和配置轮椅等辅助器具，所需费用按照国家规定的标准从工伤保险基金支付。

思考题

1. 专职安全生产管理人员在工伤认定工作中应发挥哪些作用？
2. 专职安全生产管理人员如何督促企业做好工伤预防工作？

第三节　工 伤 预 防

1. 什么是工伤预防？

工伤预防是建立健全工伤预防、工伤康复和工伤补偿三位一体工伤保险制度的重要内容，是指事先防范职业伤亡事故以及职业病的发生，减少职业伤亡事故及职业病的隐患，改善和创造有利于健康的、安全的生产环境和工作条件，保护职工生产、工作环境中的安全和健康。工伤预防的措施主要包括工程技术措施、教育措施和管理措施。

2. 企业如何履行工伤预防主体责任？

（1）牢固树立预防优先的工作理念。深入学习贯彻习近平总书记关于“人民至上、生命至上”的重要指示精神，始终把人民群众生命安全和身体健康放在第一位，把减少事故伤害和职业病危害作为工伤预防的根本出发点和落脚点，从源头上防止工伤事故发生，切实保障劳动者的生命安全和身体健康。工伤预防要坚持以人民为中心的发展思想，适应推进国家治理体系和治理能力现代化要求，完善“预防、康复、补偿”三位一体制度体系，把工伤预防作为工伤保险优先事项，采取一切适当的手段组织推进，切实提升工伤预防意识和能力，实现从“要我预防”到“我要预防”“我会预防”的转变。

（2）主动采取措施提供劳动保障，积极开展工伤预防工作。《安全生产法》规定，生产经营单位应当教育和督促从业人员严格执行本单位的安全生产规章制度和安全操作规程；并向从业人员如实告知作业场所和工作岗位存在的危险因素、防范措施以及事故应急措施；生产经营单位应当关注从业人员的身体、心理状况和行为习惯，加强对从业人员的心理疏导、精神慰藉，严格落实岗位安全生产责任，防范从业人员行为异常导致事故发生；生产经营单位必须为从业人员提供符合国家标准或者行业标准的劳动防护用品，并监督、教育从业人员按照使用规则佩戴、使用。

《中华人民共和国劳动法》规定，用人单位必须建立、健全劳动安全卫生制度，严格执行国家劳动安全卫生规程和标准，对劳动者进行劳动安全卫生教育，防止劳动过程中的事故，减少职业危害。劳动安全卫生设施必须符合国家规定的标准。新建、改建、扩建工程的劳动安全卫生设施必须与主体工程同时设计、同时施工、同时投入生产和使用。必须为劳动者提供符合国家规定的劳动安全卫生条件和必要的劳动防护用品，对从事有职业危害作业的劳动者应当定期进行健康检查。

《工伤保险条例》第四条规定，用人单位和职工应当遵守有关安全生产和职业病防治的法律法规，执行安全卫生规程和标准，预防工伤事故发生，避免和减少职业病危害。职工发生工伤时，用人单位应当采取措施使工伤职工得到及时救治。

（3）缴纳工伤保险相关费用。《安全生产法》《中华人民共和国社会保险法》《工伤保险条例》等法律法规规定，职工应当参加工伤保险，由生产经营单位缴纳保险费，职工不缴纳工伤保险费。用人单位应当按照本单位职工工资总额，根据社会保险经办机构确定的费率缴纳工伤保险费。职工所在用人单位未依法缴纳工伤保险费，发生工伤事故的，由用人单位支付工伤保险待遇。用人单位不支付的，从工伤保险基金中先行支付。从工伤保险基金中先行支付的工伤保险待遇应当由用人单位偿还。用人单位不偿还的，社会保险经办机构可以依照本法相关的规定追偿。

（4）开展工伤预防能力提升培训。按照人力资源和社会保障部等八部委联合印发的《工伤预防五年行动计划（2021—2025年）》要求，实施重点行业重点企业工伤预防（安全生产、职业病防治）能力提升培训工程，重点培训重点行业重点企业分管负责人、安全管理部门主要负责人和一线班组长等重点岗位人员。2025年底前实现上述人员培训全覆盖。采取线上培训和线下培训相结合方式，更加注重发挥线上培训的作用。充分发挥信息化、大数据、人工智能在工伤预防方面的作用，一体化推进工伤预防信息共享、在线培训、考核评估，普及工伤预防科学知识、宣传工伤预防政策、开展工伤预防线上培训、强化工伤事故警示教育。

（5）全面加强工伤预防宣传。充分发挥主流媒体和新媒体作用，充分发挥各部门和有关行业企业的宣传作用，抓住重点时段、重要节点、重大事件开展有针对性宣传。要从关注关爱职工群众生命安全和职业健康的视角，运用影音视频、图标图解、典型案例、身边工伤事件等群众易于接受、感染力强的形式，宣传职业病防治、安全生产、交通事故防范、心脑血管疾病防治等方面的知识，不断提高职工群众的工伤预防意识和自我保护意识。鼓励工伤事故和职业病高发易发企业设立工伤预防警示教育基地。

思考题

1. 专职安全生产管理人员如何做好重点岗位人员工伤预防培训工作？
2. 企业如何做好工伤预防宣传工作，提高从业人员工伤预防意识？

参考文献

［1］王浩水．化工过程安全管理应用实践［M］．北京：中国石化出版社，2022.

［2］尚勇，张勇．中华人民共和国安全生产法释义［M］．北京：中国法制出版社，2021.

［3］中国化学品安全协会．危险化学品重大危险源技术负责人工伤预防知识［M］．北京：中国劳动社会保障出版社，2022.

［4］中国化学品安全协会．危险化学品企业安全风险隐患排查治理导则应用读本［M］．北京：中国石化出版社，2020.

［5］GB 30871—2022，危险化学品企业特殊作业安全规范［S］．北京：中国标准出版社，2022.

［6］化工企业职业卫生管理［M］．北京：中国石化出版社，2020.

［7］马金才，葛亮．化工设备操作与维护［M］．北京：化学工业出版社，2021.

［8］王绍良．化工设备基础［M］．北京：化学工业出版社，2018.

［9］张斌．特种设备安全技术［M］．北京：化学工业出版社，2022.

［10］李盈康．电气安全技术问答［M］．北京：中国石化出版社，2018.

［11］蔡庄红，白航标．安全评价技术［M］．3 版．北京：化学工业出版社，2019.

［12］危险化学品生产建设项目安全风险防控指南（试行），应急〔2022〕52 号.